现代仪器分析实验

XIANDAI YIQI FENXI SHIYAN

主编◎张晓凤 柏俊杰 曹 坤 杨 波

重庆大学出版社

内容提要

本书共分为十二章。主要内容包括:绪论、原子发射光谱法、原子吸收光谱法、紫外-可见分光光度法、红外光谱法、分子荧光光谱法、电化学分析法、气相色谱法、液相色谱法、气相色谱-质谱分析法、毛细管电泳色谱法、X 射线衍射(XRD),共 35 个实验。各章节简要介绍了该仪器分析方法的基本原理和仪器结构,并依次介绍了实验原理和实验步骤,内容简明扼要、通俗易懂,重难点突出。

本书可作为高等学校化学、化工、药学、环境及相关专业学生的教学用书,也可作为教师的教学参考用书。

图书在版编目(CIP)数据

现代仪器分析实验 / 张晓凤等主编. -- 重庆:重庆大学出版社,2020.10
高等学校实验课系列教材
ISBN 978-7-5689-1906-7

Ⅰ. ①现… Ⅱ. ①张… Ⅲ. ①仪器分析—实验—高等学校—教材 Ⅳ. ①O657-33

中国版本图书馆 CIP 数据核字(2020)第 197488 号

现代仪器分析实验

主 编 张晓凤 柏俊杰 曹 坤 杨 波
责任编辑:范 琪 版式设计:范 琪
责任校对:万清菊 责任印制:张 策

*

重庆大学出版社出版发行
出版人:饶帮华
社址:重庆市沙坪坝区大学城西路 21 号
邮编:401331
电话:(023)88617190 88617185(中小学)
传真:(023)88617186 88617166
网址:http://www.cqup.com.cn
邮箱:fxk@ cqup.com.cn(营销中心)
全国新华书店经销
重庆市正前方彩色印刷有限公司印刷

*

开本:787mm × 1092mm 1/16 印张:11.25 字数:291 千
2020 年 10 月第 1 版 2020 年 10 月第 1 次印刷
ISBN 978-7-5689-1906-7 定价:36.00 元

本书如有印刷、装订等质量问题,本社负责调换
版权所有,请勿擅自翻印和用本书
制作各类出版物及配套用书,违者必究

前　言

　　仪器分析课程在高等学校化学专业教学中占有重要地位，是化学专业必修的基础课程之一，目前化工、药学、环境及相关专业也逐渐将仪器分析列为必修课。《现代仪器分析实验》是仪器分析课程的重要组成部分，通过本课程的学习，使学生加深对各种仪器分析方法的基础理论和工作原理的理解，正确掌握仪器分析方法的基本操作，培养学生运用仪器分析手段解决实际问题的能力，为学习后续课程及科研工作打下良好的基础。

　　本书共分为十二章。主要内容包括：绪论、原子发射光谱法、原子吸收光谱法、紫外-可见分光光度法、红外光谱法、分子荧光光谱法、电化学分析法、气相色谱法、液相色谱法、气相色谱-质谱分析法、毛细管电泳色谱法、X 射线衍射（XRD），共 35 个实验。各章节简要介绍了该仪器分析方法的基本原理和仪器结构，并依次介绍了实验原理和实验步骤，内容简明扼要、通俗易懂，重难点突出。

　　本书第一章至第三章由张晓凤（重庆理工大学）与柏俊杰（重庆科技学院）编写，第四章至第六章由曹坤（重庆理工大学）与唐德东（重庆科技学院）编写，第七章至第八章由聂玲（重庆科技学院）与曹坤（重庆理工大学）编写，第九章与第十章由杨波（重庆科技学院）与张晓凤（重庆理工大学）编写，第十一章由曹坤（重庆理工大学）编写，第十二章由张晓凤（重庆理工大学）和王耀琼（重庆科技学院）编写。全书由张晓凤（重庆理工大学）和柏俊杰（重庆科技学院）共同策划、组织、统稿和审核。由于编者的学识水平有限，书中的缺点和错误在所难免，敬请各位专家和读者批评指正。

编　者

2020 年 3 月

目 录

第1章
绪　论

1.1　仪器分析实验的目的和要求

1.1.1　仪器分析实验的教学目的

"仪器分析实验"是化学、化工、制药、环境、食品等专业本科学习的基础课之一,是一门理论性和实践性都很强的基础课程。本课程的教学目的是巩固加深学生对各类常用仪器分析方法基本原理的理解,了解各类常用仪器分析方法的定性、定量分析技术,了解各类仪器分析方法的分析对象、应用范围,掌握数据处理与图谱分析方法,培养学生应用现代仪器分析测试技术的技能,为培养21世纪需要的综合性科研和应用型人才打下坚实基础。

通过本课程培养学生形成较强的实验能力、动手能力、理论联系实际的能力、统筹思维能力、创新能力、独立分析解决问题的能力、查阅手册资料并运用其数据资料的能力以及归纳总结(实验报告)的能力等。

1.1.2　仪器分析实验的基本要求

1)课前预习,课后复习

仪器分析实验所使用的仪器一般都比较昂贵,同一实验室不可能购置多套同类仪器,仪器分析实验通常采用大循环方式组织教学。因此,学生在实验前必须做好预习工作,仔细阅读仪器分析实验教材、分析方法和分析仪器工作的基本原理,仪器主要部件的功能、操作程序和注意的事项。实验课程结束后再结合理论知识,进一步消化复习巩固,有利于对理论知识与实验技能的全面掌握。

2)实验室规则

学生要在教师指导下熟悉和使用仪器,勤学好问,未经教师允许不得随意开启或关闭仪器,更不得随意旋转仪器按钮、改变仪器工作参数等。详细了解仪器的性能,防止损坏仪器或发生安全事故。应始终保持实验室的整洁和安静。实验中如发现仪器工作不正常,应及时报告教师处理。每次实验结束,应将所用仪器复原,清洗好使用过的器皿,整理好实验室。

1

3）培养良好实验习惯

在实验过程中，要认真地学习有关分析方法的基本要求。要细心观察实验现象，仔细记录实验条件和分析测试的原始数据；学会选择最佳实验条件；积极思考、勤于动手，培养良好的实验习惯和科学作风。培养良好实验习惯需注意以下几点：

①认真听取实验前的课堂讲解，积极回答老师提出的问题。进一步明确实验原理、操作要点、注意事项，仔细观察老师的操作示范，保证基本操作规范化。

②按拟定的实验步骤操作，既要大胆又要细心，仔细观察实验现象，认真测定数据。每个测定指标至少要做 3 个平行样。有意识地培养自己高效、严谨、有序的工作作风。

③观察到的现象和数据要如实记录在预习报告本上，做到边实验、边思考、边记录。不得用铅笔记录，原始数据不得涂改或用橡皮擦拭，如有记错可在原数据上画一横杠，再在旁边写上正确值。

④实验中要勤于思考，仔细分析。如发现实验现象或测定数据与理论不符，应尊重实验数据，并认真分析和检查原因，也可以做对照实验、空白实验或自行设计实验来核对。

⑤实验结束后，应立即把所用的玻璃仪器洗净，仪器复原，填好使用记录，清理好实验台面。将预习报告本交给老师检查，确定实验数据合格后，方可离开实验室。

⑥值日生应认真打扫实验室，关好水、电、门、窗后方可离开实验室。

4）认真写好实验报告

实验报告应简明扼要，图表清晰。实验报告的内容包括实验名称、完成日期、实验目的、方法原理、仪器名称及型号、主要仪器的工作参数、主要实验步骤、实验数据或图谱、实验现象、实验数据处理和结果处理、问题讨论等。认真写好实验报告是提高实验教学质量的一个重要环节。

1.1.3 仪器分析实验室的安全规则

在仪器分析化学实验中，经常使用有腐蚀性的易燃、易爆或有毒的化学试剂，大量使用易损的玻璃仪器和某些精密分析仪器，实验过程中也不可避免地用电、水等。为确保实验的正常进行和人身及设备安全，必须严格遵守实验室的安全规则：

①实验室内严禁饮食、吸烟，一切化学药品禁止入口，实验完必须洗手；水、电使用后应立即关闭；离开实验室时，应仔细检查水、电、门、窗是否均已关好。

②了解实验室消防器材的正确使用方法及放置的确切位置，一旦发生意外，能有针对性地扑救。实验过程中，门、窗及换风设备要打开。

③使用电气设备时，应特别细心，切不可用潮湿的手去开启电闸和电器开关。凡是漏电的仪器不可使用，以免触电。

④使用精密分析仪器时，应严格遵守操作规程，仪器使用完毕后，将仪器各部分复原，并关闭电源，拔去插头。

⑤浓酸、浓碱具有腐蚀性，尤其是浓 H_2SO_4 配制溶液时，应将浓酸缓缓注入水中，而不得将水注入酸中，以防浓酸溅在皮肤和衣服上。使用浓 HNO_3、HCl、H_2SO_4、氨水时，均应在通风橱中操作。

⑥使用四氯化碳、乙醚、苯、丙酮、三氯甲烷等有机溶剂时，一定要远离火源和热源。使用完毕后，将试剂瓶塞好，放在阴凉（通风）处保存。低沸点的有机溶剂不能直接在火焰上或热

源上加热,而应在水浴上加热。

⑦热、浓的高氯酸遇有机物常易发生爆炸,汞盐、砷化物、氰化物等剧毒物品使用时应特别小心。

⑧储备试剂、试液的瓶上应贴有标签,严禁非标签上的试剂装入试剂瓶。从试剂瓶中取用试剂后,应立即盖好试剂瓶盖。绝不可将已取出的试剂或试液倒回试剂瓶中。

⑨将温度计或玻璃管插入胶皮管或胶皮塞前,用水或甘油润滑,并用毛巾包好再插,两手不要分得太开,以免折断划伤手。

⑩加热或进行反应时,人不得离开。

⑪保持水槽清洁,禁止将固体物、玻璃碎片等扔入水槽,以免造成下水管堵塞。

⑫发生事故时,要保持冷静,针对不同的情况采取相应的应急措施,防止事故扩大。

1.2   实验报告的撰写

做完实验仅是完成实验的一半,更重要的是进行数据整理和结果分析,把感性认识提高到理性认识。认真、独立完成实验报告,对实验数据进行处理(包括计算、作图),得出分析测定结果。对实验中出现的问题进行讨论,提出自己的见解,对实验提出改进方案。通过认真查阅资料,完成思考。

1.2.1   实验数据的表达

1)列表法

列表法表达数据,具有直观、简明的特点。实验的原始数据一般均以此方法记录。列表需标明表名。表名应简明,但又要完整地表达表中数据的含义。此外,还应说明获得数据的有关条件。表格的纵列一般为实验号,而横列为测量因素。记录数据应符合有效数字的规定,并使数字的小数点对齐,便于数据的比较分析。

2)图解法

图解法可以使测量数据间的关系表达得更为直观。在许多测量仪器中使用记录仪记录获得测量图形,利用图形可以直接或间接地求得分析结果。

(1)通过标准曲线法求值

利用变量间的定量关系图形求得未知物含量。定量分析中的标准曲线,就是将自变量浓度为横坐标,应变量即各测定方法相应的物理量为纵坐标,绘制标准曲线。对于欲求的未知物浓度,可以由测得的相应物理量值从标准曲线上查得。

(2)通过曲线外推法求值

分析化学测量中常用间接方法求测量值。如对未知试样可以通过连续加入标准溶液,测得相应方法的物理量变化,用外推作图法求得结果。例如,在氟离子选择电极测定饮用水中氟的实验中,使用了格氏图解法求得氟离子含量。

(3)求函数的极值或转折点

实验常需要确定变量之间的极大、极小、转折等,通过图形表达后,可迅速求得其值。如光谱吸收曲线中,峰值波长及它的摩尔吸光系数求得。

（4）图解微分法和图解积分法

如利用图解微分法来确定电位滴定的终点,在气相色谱法中,利用图解积分法求色谱峰面积。

1.2.2　分析结果的数值表示

报告分析结果时,必须给出多次分析结果的平均值以及它的精密度。应当注意,数值所表示的准确度与测量工具、分析方法的精密度相一致。报告的数据应遵守有效数字规则。重复测量试样,平均值应报告出有效数字的可疑数。例如,三次重复测量结果为 11.33,11.34,11.32,内中 11.3 为确定数,第四位为可疑数,其平均值应报告 11.33。若三次结果为 11.43,11.36,11.24,则小数点后一位就为可疑数,其平均值应报 11.3。

当测量值遵守正态分布规律时,其平均值为最可信赖值和最佳值,它的精密度优于个别测量值,故在计算不少于四个测量值的平均值时,平均值的有效数字位数可增加一位。一项测定完成后,仅报告平均值是不够的,还应报告这一平均值的偏差。在多数场合下,偏差值只取一位有效数字。只有在多次测量时,取两位有效数字,且最多只能取两位。最后用置信区间来表达平均值的可靠性。

1.3　玻璃器皿的洗涤

分析化学实验中所使用的器皿应洁净。其内外壁应能被水均匀地润湿,且不挂水珠。在分析工作中,洗净玻璃仪器不仅是一项必须做的实验前的准备工作,也是一项技术性的工作。仪器洗涤是否符合要求,对化验工作的准确度和精密度均有影响。不同分析工作(如工业分析、一般化学分析、微量分析等)有不同的仪器洗涤要求。

1.3.1　常规器皿的洗涤

分析实验中常用的烧杯、锥形瓶、量筒、量杯等一般的玻璃器皿,可用毛刷蘸去污粉或合成洗涤剂刷洗,再用自来水冲洗干净,然后用蒸馏水或去离子水润洗 3 次。滴定管、移液管、吸量管、容量瓶等具有精确刻度的仪器,可采用合成洗涤剂洗涤。其洗涤方法是:将配制 0.1% ~ 0.5% 浓度的洗涤液倒入容器中,浸润、摇动几分钟,用自来水冲洗干净后,再用蒸馏水或去离子水润洗 3 次,如果未洗干净,可用铬酸洗液洗涤。

光度法用的比色皿,是用光学玻璃制成的,不能用毛刷洗涤,应根据不同情况采用不同的洗涤方法。常用的洗涤方法是:将比色皿浸泡于热的洗涤液中一段时间后冲洗干净即可。

1.3.2　常用的洗涤方法

仪器的洗涤方法很多,应根据实验要求、污物性质、沾污的程度来选用。一般说来,附着在仪器上的脏物主要有尘土和其他不溶性杂质、可溶性杂质、有机物和油污,针对这些情况可以分别用下列方法洗涤。

1)刷洗

用水和毛刷刷洗,除去仪器上的尘土及其他物质,应当注意毛刷的大小、形状要适合。如洗圆底烧瓶时,毛刷要做适当弯曲才能接触到全部内表面,脏、旧、秃头毛刷需及时更换,以免戳破、划破或沾污仪器。

2)用合成洗涤剂洗涤

洗涤时先将器皿用水湿润,再用毛刷蘸少许去污粉或洗涤剂,将仪器内外洗刷一遍,然后用水边冲边刷洗,直至干净为止。

3)用铬酸洗液洗涤

被洗涤器皿尽量保持干燥,倒少许洗液于器皿内,转动器皿使其内壁被洗液浸润(必要时可用洗液浸泡),然后将洗液倒回原装瓶内以备再用,最后用水冲洗器皿内残存的洗液,直至干净为止。如用热的洗液洗涤,则去污能力更强。洗液主要用于洗涤被无机物沾污的器皿,它对有机物和油污的去污能力也较强,常用来洗涤一些口小、管细等形状特殊的器皿,如吸管、容量瓶等。

洗液具有强酸性、强氧化性和强腐蚀性,使用时要注意以下几点:

① 洗涤的仪器不宜有水,以免稀释洗液而失效;

② 洗液可以反复使用,用后倒回原瓶;

③ 洗液的瓶塞要塞紧,以防吸水失效;

④ 不可溅在衣服、皮肤上;

⑤ 洗液的颜色由原来的深棕色变为绿色,即表示 $K_2Cr_2O_4$ 已还原为 $Cr_2(SO_4)_3$,失去氧化性,洗液失效而不能再用。

4)用酸性洗液洗涤

(1)粗盐酸

可以洗去附在仪器壁上的氧化剂(如 MnO_2)等大多数溶于水的无机物。因此,在刷子刷洗不到或洗涤不宜用刷子刷洗的仪器,如吸管和容量瓶等情况下,可以用粗盐酸洗涤。灼烧过沉淀物的瓷坩埚可用盐酸(1∶1)洗涤。洗涤过的粗盐酸能回收继续使用。

(2)盐酸-过氧化氢洗液

适用于洗去残留在容器上的 MnO_2,例如,过滤 $KMnO_4$ 用的砂芯漏斗,可以用此洗涤刷洗。

(3)盐酸-酒精洗液(1∶2)

适用于洗涤被有机染料染色的器皿。

(4)硝酸-氢氟酸洗液

洗涤玻璃器皿和石英器皿的优良洗涤剂,可以避免杂质金属离子的黏附。常温下储存于塑料瓶中,洗涤效率高,清洗速度快,但对油脂及有机物的清除效果差,对皮肤有强腐蚀性,操作时需倍加小心。该洗液对玻璃和石英器皿有腐蚀作用,因此,精密玻璃仪器、标准磨口仪器、活塞、砂芯漏斗、光学玻璃、精密石英部件、比色皿等不宜用这种洗液。

5)用碱性洗液洗涤

适用于洗涤油脂和有机物。因它的作用较慢,一般要浸泡24 h或用浸煮的方法。

(1)氢氧化钠-高锰酸钾洗液

用此洗液洗过后,在器皿上会留下二氧化锰,可再用盐酸洗。

(2)氢氧化钠(钾)乙醇洗液

洗涤油脂的效力比有机溶剂高,但不能与玻璃器皿长期接触。使用碱性洗液时要特别注意,碱液有腐蚀性,不能溅到眼睛里。

6）超声波清洗

超声波清洗是一种新的清洗方法，其作用原理是：利用超声波在液体中的空化作用，这种空化作用是由于液体在超声波的作用下，液体分子时而受拉，时而受压，形成一个个微小的空腔，即所谓"空化泡"。由于空化泡的内外压力悬殊，在空化泡消失时其表面的各类污物就被剥落，从而达到清洗的目的，同时，超声波在液体中又能起到加速溶解和乳化的作用。因此，超声波清洗质量好、速度快。尤其对于采用一般常规清洗方法难于达到清洁度要求，以及几何形状比较复杂且带有各种小孔、弯孔和盲孔的被洗物件，超声波清洗的效果更为显著。

第2章
原子发射光谱法

18世纪沃拉斯顿(Wollaston)用分光计发现了火焰中的钠黄线。1860年,基尔霍夫(Kirchhoff)和本生(Bunsen)成功地证明了光谱线不是由化合物产生,而是由元素产生的,即把光谱线和试样中的元素组成联系起来,从而定性地确定元素的存在,使光谱分析成了一种有效的分析工具。随着光谱仪器制造业的发展,原子发射光谱分析成为广泛运用的成分定量分析手段。20世纪60年代,光谱仪迅速发展,电感耦合等离子体电源应用于发射光谱分析,使分析性能有了显著提高,使发射光谱分析发生了新的变革,成了成分分析中最通用的多元素分析工具。

原子发射光谱法(Atomic Emission Spectrometry,AES)是通过记录和测量激发态原子发出的特征辐射的波长和强度对其进行定性、半定量和定量分析的方法。原子发射光谱分析法灵敏度高、选择性好、分析速度快、试样用量小,能同时进行多元素的定性和定量分析,是元素分析最常用的手段之一。但原子发射光谱只能用来确定物质的元素组成与含量,不能给出物质分子的有关信息。此外,常见的非金属元素如氧、氮、卤素等的特征谱线在远紫外区,常规光谱仪器尚无法检测。还有一些非金属元素(如P、Se、Te等),由于其激发能高,灵敏度较低。

2.1 基本原理

原子或离子受热能、电能和光能作用时,外层电子得到一定能量,由低能级 E_1 跃迁至高能级 E_2。这时的原子(离子)是处于激发态的,给予原子(离子)的能量 $E = E_2 - E_1$ 称为激发能或激发电位,其单位为 eV。处于激发态原子中的电子是不稳定的,它只能在高能态的轨道上停留约 10^{-8} s,然后自发跃迁到低能级轨道上,其能量以光的形式发射出来,形成一条谱线,其波长为

$$\lambda = \frac{hc}{E_2 - E_1}$$

式中　c——光速,3×10^8 m/s;

　　　h——普朗克常数,6.626×10^{-34} J·s;

　　　E_1——高能级的电子能量,1 eV $= 1.602 \times 10^{-19}$ J;

E_2——低能级的电子能量。

处于高能级的电子也可经过几个中间能级跃迁回到原能级,这时可产生几种不同波长的光,在光谱中形成几条谱线。一种元素可以产生不同波长的谱线,它们组成该元素的原子光谱。由于不同元素的电子结构不同,因而其原子光谱也不同,具有明显的特征。例如,钾元素的原子光谱中有波长 766.5 nm 的高强度谱线,钠元素在 588.99 nm 和 589.59 nm 有两条高强度的谱线。这些谱线的出现,表征了试样中有该元素的存在。然而,人们观察到各元素的所有光谱线并不是在任何条件下都同时出现,当然理论上也可计算它的跃迁概率。例如,镉元素,在某一条件下,当它的含量为 1% 时,有 14 条谱线出现;当含量为 0.1% 时,有 10 条谱线出现;当含量为 0.01% 时,有 7 条谱线出现;当含量为 0.001% 时,仅有两条谱线出现,分别为 226.50 nm 和 228.80 nm。这两条谱线叫作镉的灵敏线。根据它们的出现可以进行定性分析,判断试样中是否有镉元素的存在。这些元素含量很低但仍然出现的光谱线,理论上一般是共振线,或激发电位最低的谱线,这样的谱线跃迁概率是最大的。

光谱定量分析的基础基于光谱线强度和元素浓度的关系,通常利用罗马金和赛伯提出的经验公式

$$I = Ac^b$$

式中　b——自发吸收系数;

　　　I——谱线强度;

　　　c——元素含量;

　　　A——发射系数。发射系数 A 与试样的蒸发、激发和发射的整个过程有关,与光源类型、工作条件、试样组分、元素化合物形态及谱线的自吸收现象有关,由激发电位及元素在光源中的浓度等因素决定。

当元素含量很低时,谱线自吸收很小,这时 $b = 1$。元素含量较高时,谱线自吸收较大,$b < 1$。在 $I = Ac^b$ 所绘制的校正曲线,只有当 $b = 1$ 时才是直线,$b < 1$ 时则是曲线。当罗马金-塞伯公式的对数形式时,只要 b 是常数,就可得到线性的工作曲线。在经典光源中用电弧光源时自吸收比较显著,一般用其对数形式绘制校正曲线。而在等离子体光源中,在很宽的浓度范围内 $b = 1$,因此用非对数形式绘制校正曲线仍可获得良好的线性关系。

2.2　仪器结构

原子发射光谱仪由激发光源、光谱仪两部分组成。

2.2.1　激发光源

激发光源通过不同的方式提供能量,使试样中的被测元素原子化,并进一步跃迁至激发态。常用的激发光源有电弧、电火花、电感耦合高频等离子体(Inductive Coupled High Frequency Plasma,ICP)光源等。

1)直流电弧

直流电弧的基本电路如图 2-1 所示。E 为直流电源,供电电压 220 ~ 380 V,电流为 5 ~ 30 A。镇流电阻 R 的作用为稳定与调节电流的大小。电感 L 用以减小电流的波动。G 为分

析间隙(或放电间隙),上下两个箭头表示电极。

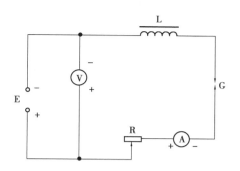

图 2-1　直流电弧发生器线路原理图

E—直流电源;V—直流电压表;L—电感;R—镇流电阻;A—直流电流表;G—分析间隙

直流电弧引燃可用两种方法:一种是接通电源后,使上下电极接触短路引燃;另一种是高频引燃。引燃后阴极产生热电子发射,在电场作用下,电子高速通过分析间隙射向阳极。在分析间隙里,电子又会和分子、原子、离子等碰撞,使气体电离。电离产生的阳离子高速射向阴极,又会引起阴极二次电子发射,同时也可使气体电离。这样反复进行,电流持续,电弧不灭。

由于电子轰击,阳极表面炙热,产生亮点形成“阳极斑点”,阳极斑点温度高,可达 4 000 K(石墨电极),因此通常将试样置于阳极,在此高温下使试样蒸发、原子化。在弧内,原子与分子、原子、离子、电子等碰撞,被激发而发射光谱。阴极温度在 3 000 K 以下,也形成“阴极斑点”。

直流电弧由弧柱、弧焰、阳极点、阴极点组成,电弧温度为 4 000 ~ 7 000 K,电弧温度取决于电弧柱中元素的电离能和浓度。

直流电弧的优点是设备简单。由于持续放电,电极头温度高,蒸发能力强,试样进入放电间隙的量多,绝对灵敏度高,适用于定性、半定量分析;同时适用于矿石、矿物等难熔样品及稀土、铌、钽、锆、铪等难熔元素的定量分析。缺点是电弧不稳定、易漂移、重现性差、弧层较厚,自吸现象较严重。

2)低压交流电弧

交流电弧发生器的线路图如图 2-2 所示,它由低压电弧电路和高频引燃电路两部分组成。低压电弧电路由交流电源(220 V)、可变电阻 R_2、电感线圈 L_2、放电间隙 G_2 与旁路电容 C_2 组成,与直流电弧电路基本上相同。高频引燃电路由电阻 R_1、变压器 T_1、放电盘 G_1、高压振荡电容 C_1 及电感 L_1 组成。两个电路借助于 L_1、L_2(变压器 T_2)耦合起来。

低压交流电弧不能像直流电弧那样,一经点燃即可持续放电。电极间隙需要周期性地点燃,因此必须用一个引燃装置。高频引燃电路接通以后,变压器 T_1 在次级线圈上可得到约 3 000 V 的高电压,并向电容器 C_1 充电,放电盘 G_1 与 C_1 并联,C_1 电压增高,G_1 电压也增高,当 G_1 电压高至引起火花击穿时,G_1、C_1、L_1 构成一个振荡回路,产生高频振荡,得到高频电流。这时在变压器 T_2 的次级线圈 L_2 上产生了高频电压可达 10 kV,旁路电容 C_2 对高频电流的阻抗很小,L_2 的高电压将 G_2 放电间隙击穿,引燃电弧。引燃后,低压电路便沿着导电的气体通道产生电弧放电。放电很短的瞬间,电压降低直至电弧熄灭。在下一次高频引燃作用下,电弧重新被点燃,如此反复进行,交流电弧维持不熄。

交流电弧除具有电弧放电的一般特性外,还有其自身的特点:①交流电弧电流具有脉冲性,电流比直流电弧大,因此电弧温度高,激发能力强;②电弧稳定性好,分析的重现性与精密度较好,适于定量分析;③电极温度较低,这是由于交流电弧放电有间隙性,蒸发能力略低。

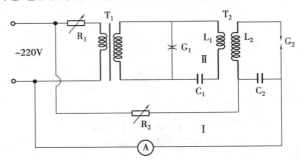

图 2-2　交流电弧发生器原理图

3) 高压火花

火花放电是指在通常气压下,两电极间加上高电压,达到击穿电压时,在两极间尖端迅速放电,产生电火花。放电沿着狭窄的发光通道进行,并伴随着有爆裂声。日常生活中,雷电即是大规模的火花放电。

火花发生器线路如图 2-3 所示。220 V 交流电压经变压器 T 升压至 8 000 ~ 12 000 V 高压,通过扼流线圈 D 向电容器 C 充电。当电容器 C 两端的充电电压达到分析间隙的击穿电压时,通过电感 L 向分析间隙 G 放电,G 被击穿产生火花放电。同时电容器 C 又重新充电、放电。这一过程不断重复,维持火花放电而不熄灭。获得火花放电稳定性好的方法,是在放电电路中串联一个由同步电机带动的断续器 M,同步电机以 50 r/s 的速度旋转,每旋转半周,放电电路接通放电一次。从而保证了高压火花的持续与稳定性。

火花光源的特点是:由于在放电一瞬间释放出很大的能量,放电间隙电流密度很高,因此温度很高,可达 10 000 K 以上,具有很强的激发能力,一些难激发的元素可被激发,而且大多为离子线。放电稳定性好,因此重现性好,可作定量分析。电极温度较低,由于放电时间歇时间略长,放电通道窄小,易于作熔点较低的金属与合金分析,而且可将被测物自身做电极进行分析,如炼钢厂的钢铁分析。火花光源灵敏度较差,但可作较高含量的分析;噪声较大;作定量分析时,需要有预燃时间。

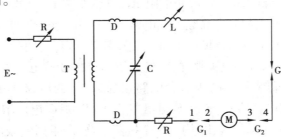

图 2-3　高压火花发生器线路原理图

E—电源;R—可变电阻;T—升压变压器;D—扼流线圈;C—可变电容;

L—可变电感;G—分析间隙;G_1、G_2—断续控制间隙;M—同步电机带动的断续器直流电弧、交流电弧与高压火花光源的使用已有几十年的历史,称为经典光源。在经典光源中,还有火焰在过去也起过重要作用,但由于新光源的广泛应用,现在已很少使用。

4) ICP

ICP 光源是 20 世纪 60 年代研制的新型光源,由于它的性能优异,70 年代迅速发展并获得广泛的应用。ICP 光源是高频感应电流产生的类似火焰的激发光源。仪器主要由高频发生器、等离子炬管、雾化器三部分组成。高频发生器的作用是产生高频磁场供给等离子体能量。频率多为 27 ~ 50 MHz,最大输出功率通常为 2 ~ 4 kW。

ICP 的主体部分是放在高频线圈内的等离子炬管,如图 2-4 所示。在此剖面图中,等离子炬管 G 是一个三层同心的石英管,感应线圈 S 为 2 ~ 5 匝空心铜管。等离子炬管分为三层:最外层通氩气作为冷却气,沿切线方向引入,可保护石英管不被烧毁;中层管通入辅助气体氩气,用以点燃等离子体;中心层以氩气为载气,把经过雾化器的试样溶液以气溶胶形式引入等离子体中。当高频发生器接通电源后,高频电流 I 通过线圈,即在炬管内产生交变磁场 B。炬管内若是导体就产生感应电流。这种电流呈闭合的涡旋状即涡电流 P。它的电阻很小,电流很大(可达几百安),释放出大量的热能(达 10 000 K)。电源接通时,石英炬管内为氩气,它不导电,可用高压火花点燃使炬管内气体电离。由于电磁感应和高频磁场 B,电场在石英管中随之产生。电子和离子被电场加速,同时和气体分子、原子等碰撞,使更多的气体电离,电子和离子各在炬管内沿闭合回路流动,形成涡流,在管口形成火炬状的稳定的等离子焰炬。

等离子焰炬外观像火焰,如图 2-5 所示,但它不是化学燃烧火焰而是气体放电。它分为三个区域。

焰心区:感应线圈区域内,白色不透明的焰心,高频电流形成的涡流区,温度最高达 10 000 K,电子密度也很高。它发射很强的连续光谱,光谱分析应避开这个区域。试样气溶胶在此区域被预热、蒸发,又称预热区。

内焰区:在感应线圈上 10 ~ 20 mm 处,淡蓝色半透明的炬焰,温度为 6 000 ~ 8 000 K。试样在此原子化、激发,然后发射很强的原子线和离子线。这是光谱分析所利用的区域,称为测光区。测光时,在感应线圈上的高度称为观测高度。

尾焰区:在内焰区上方,无色透明,温度低于 6 000 K,只能发射激发能较低的谱线。

高频电流具有趋肤效应,ICP 中高频感应电流绝大部分流经导体外围,越接近导体表面,电流密度越大。涡流主要集中在等离子体的表面层内,形成环状结构,造成一个环形加热区。环形的中心是一个进样的中心通道,气溶胶能顺利地进入等离子体内,使得等离子体焰炬有很高的稳定性。试样气溶胶可在高温焰心区经历较长时间加热,在测光区平均停留时间可达 2 ~ 8 ms,比经典光源停留时间(10^{-3} ~ 10^{-2} ms)长得多。高温与较长的平均停留时间使样品充分原子化,并有效地消除了化学干扰。周围是加热区,用热传导与辐射方式间接加热,使组分的改变对 ICP 影响较小,加之溶液进样量又少,因此基体效应小,试样不会扩散到 ICP 焰炬周围而形成自吸的冷蒸气层。环状结构是 ICP 具有优良性能的根本原因。

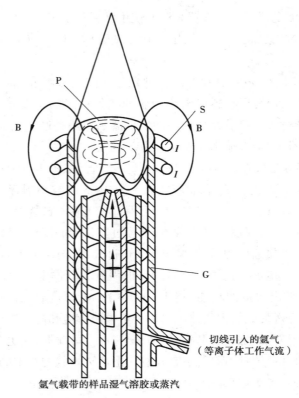

切线引入的氩气
（等离子体工作气流）

氩气载带的样品湿气溶胶或蒸汽

图 2-4　电感耦合等离子体 ICP 光源

B—交变磁场；I—高频电流；P—涡电流；S—高频感应线圈；G—等离子炬管

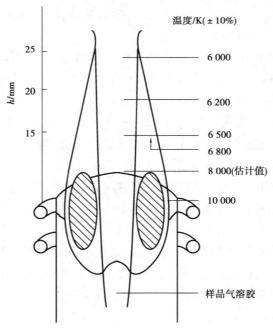

图 2-5　ICP 的温度分布

综上所述,ICP 光源具有以下特点:

①检出限低。气体温度高,可达 7 000 ~ 8 000 K,加上样品气溶胶在等离子体中心通道停留时间长,因此各种元素的检出限一般在 $10^{-1} ~ 10^{-5}$ μg/mL。可测 70 多种元素。

②基体效应小。

③ICP 稳定性好,精密度高。在分析浓度范围内,相对标准偏差约为 1%。

④准确度高,相对误差约为 1%,干扰少。

⑤选择合适的观测高度,光谱背景小。

⑥自吸效应小。分析校准曲线动态范围宽,可达 4 ~ 6 个数量级,这样也可对高含量元素进行分析。由于发射光谱有对一个试样可同时作多元素分析的优点,ICP 采用光电测定在几分钟内就可测出一个样品从高含量到痕量各种组成元素的含量,快速而又准确,因此,它是一个很有竞争力的分析方法。

ICP 的局限性:对非金属测定灵敏度低,仪器价格较贵,维持费用也较高。

2.2.2　分光系统

光谱仪的作用是将光源发射的电磁辐射经色散后,得到按波长顺序排列的光谱,并对不同波长的辐射进行检测与记录。

光谱仪的种类很多,其基本结构有三部分,即照明系统、色散系统与记录测量系统。按照使用色散元件的不同,分为棱镜光谱仪与光栅光谱仪。按照光谱记录与测量方法的不同,又可分为照相式摄谱仪、光电直读光谱仪和全谱直读光谱仪。

1)棱镜摄谱仪

目前有实用价值的为石英棱镜摄谱仪。石英对紫外光区有较好的折射率,而常见元素的谱线又多在近紫外区,故应用广泛。这种仪器在 20 世纪 40—50 年代生产较多。现在由于光栅的出现,同时石英材料价格昂贵,已无厂家生产了。但石英棱镜摄谱仪仍在使用。

图 2-6 为 Q-24 中型石英棱镜摄谱仪光路示意图。光源发出的光经三透镜照明系统聚焦在入射狭缝上。准光镜将入射光变为平行光束,再投射到棱镜上进行色散。波长短的折射率大,波长长的折射率小,色散后按波长顺序被分开排列成光谱,再由照相物镜将它们分别聚焦在感光板上,便得到按波长顺序展开的光谱。每一条谱线都是狭缝的像。

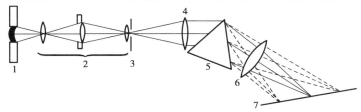

图 2-6　Q-24 摄谱仪光学系统图

1—电极;2—三透镜照明系统;3—狭缝;4—准光镜;5—棱镜;6—物镜;7—感光板

①照明系统。三透镜照明系统,其作用是使光源发出的光能均匀地照明狭缝的全部面积,即狭缝全部面积上的各点照度一致,并且所得到的谱线上照度均匀。

②色散系统。光谱仪的好坏主要取决于它的色散装置。光谱仪光学性能的主要指标有色散率、分辨率与集光本领。因为发射光谱是靠每条谱线进行定性、定量分析的,因此,这三个指标至关重要。

色散率是把不同波长的光分散开的能力。分辨率是指摄谱仪的光学系统能正确分辨出相邻的两条谱线的能力。集光本领表示光谱仪光学系统传递辐射的能力。常用入射于狭缝的光源亮度为一单位时在感光板焦面上单位面积内所得到的辐射通量来表示,集光本领与物镜的相对孔镜平方$(d/f)^2$成正比,而与狭缝宽度无关。

2)光栅摄谱仪

图 2-7 为国产 WSP-1 型平面光栅摄谱仪光路图。由光源 B 发射的光经三透镜照明系统 L 后到狭缝 S 上,再经反射镜 P 折向凹面反射镜 M 下方的准光镜 O_1 上,经 O_1 反射以平行光束照射到光栅 G 上,经光栅色散后,按波长顺序分开。不同波长的光由凹面反射镜上方的物镜 O_2 聚焦于感光板 F 上,得到按波长顺序展开的光谱。转动光栅台 D,可同时改变光栅的入射角和衍射角,便可获得所需的波长范围和改变光谱级数。

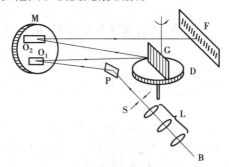

图 2-7　WSP-I 型平面光栅摄谱仪光路图

B—光源;L—照明系统;S—狭缝;P—反射镜;M—凹面反射镜;

O_1—准光镜;O_2—投影物镜;G—光栅;D—光栅台;F—相板感光板

光栅摄谱仪所用光栅多为平面反射光栅(或称闪耀光栅)。光栅的特性可用色散率、分辨能力和闪耀特性来表征。光栅摄谱仪的优点:①适用的波长范围广;②具有较大的线色散率和分辨率,且色散率仅决定于光栅刻线条数而与光栅材料无关;③线色散率与分辨率大小基本上与波长无关。其不足之处是光栅会产生罗兰鬼线以及多级衍射线间的重叠而出现谱线干扰。

3)光电直读光谱仪

光电直读光谱仪分为多道直读光谱仪、单道直读光谱仪和全谱直读光谱仪。前两种采用光电倍增管作为检测器,后一种采用电感耦合检测器。火花直读光谱仪只有多道直读检测器一种。本章只介绍多道直读光谱仪。

在摄谱仪中色散系统只有入射狭缝而无出射狭缝。在光电光谱仪中,一个出射狭缝和一个光电倍增管构成一个通道(光的通道),可接收一条谱线。多道仪器是安装多个(可达 70 个)固定的出射狭缝和光电倍增管,可接受多种元素的谱线。

图 2-8 为一多道光谱仪的示意图。从光源发出的光经透镜聚焦后,在入射狭缝上成像并进入狭缝。进入狭缝的光投射到凹面光栅上,凹面光栅将光色散聚焦在焦面上,在焦面上安装了一个个出射狭缝,每一狭缝可使一条固定波长的光通过,然后投射到狭缝后的光电倍增管上进行检测。最后经过计算机处理后打印出数据与电视屏幕显示。全部过程除进样外都是微型计算机程序控制,自动进行。

由图 2-8 可看出,光电直读光谱仪主要由三部分构成:光源、色散系统和检测系统。光源在前面已介绍,以下仅讨论色散系统与检测系统。

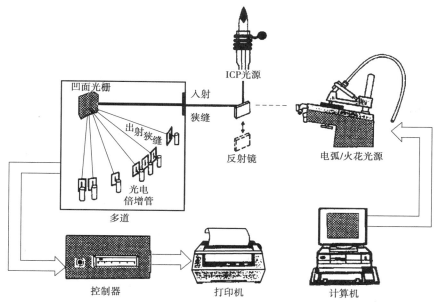

图 2-8　光电直读光谱仪

①色散系统。色散元件用凹面光栅并由一个入射狭缝与多个出射狭缝组成。将光栅刻痕刻在凹面反射镜上就叫作凹面光栅。

②罗兰圆。罗兰(Rowland)发现在曲率半径为 R 的凹面反射光栅上存在一个直径为 R 的圆(注意这里 R 为直径),如图2-9所示,光栅 G 的中心点与圆相切,入射狭缝 S 在圆上,则不同波长的光都成像在这个圆上,即光谱在这个圆上,这个圆叫作罗兰圆。这样凹面光栅既起色散作用,又起聚焦作用。聚焦作用是由于凹面反射镜的作用,能将色散后的光聚焦。

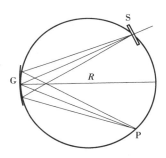

图 2-9　罗兰圆

综上所述,光电直读光谱仪多采用凹面光栅,因为光电直读光谱仪要求有一个较长的焦面,能包括较宽的波段,以便安装更多的通道,只有凹面光栅能满足这些要求。将出射狭缝 P 装在罗兰圆上,在出射狭缝后安装光电倍增管,逐一进行检测。凹面光栅无须借助成像系统形成光谱,因此它不存在色差,由于光学部件而使得光的吸收和反射损失也大大减小。

③检测系统。利用光电方法直接测定谱线强度。光电直读光谱仪的检测元件主要是光电倍增管,它既可光电转换又可电流放大。每一个光电倍增管连接一个积分电容器,由光电倍增管输出的电流向电容器充电,进行积分,通过测量积分电容器上的电压来测定谱线强度。积分电容器的充电电压与谱线强度成正比。向积分电容器充电是各元素同时进行的,测量按预订顺序打印出来,电视屏幕同时显示。一般事先将各元素的校准曲线输入计算机,可直接得出含量。一次样品分析仅用几分钟即可得到欲测的数种或数十种元素的含量值。

光电直读光谱仪的优点是:分析速度快;准确度高,相对误差约为 1%;适用于较宽的波长范围;光电倍增管对信号放大能力强,对强弱不同谱线可用不同的放大倍率,相差可达 10 000 倍,因此它可用同一分析条件对样品中多种含量范围差别很大的元素同时进行分析;线性范围宽,可做高含量分析。其缺点为:出射狭缝固定,能分析的元素也固定,也不能利用不同波长的谱线进行分析;价格昂贵。

2.3 实验技术

2.3.1 定性分析

根据原子光谱中的元素特征谱线可以确定试样中是否存在被检元素。通常将元素特征光谱中强度较大的谱线称为元素的灵敏线。只要在试样光谱中检出了某元素的灵敏线，就可以确认试样中存在该元素。反之，若在试样中未检出某元素的灵敏线，则说明试样中不存在被检元素，或该元素的含量在检出限以下。

1）标准试样光谱比较法

要检出元素的纯物质或纯化合物与试样并列摄谱于同一感光板上，在映谱仪上检查试样光谱与纯物质光谱。若两者谱线出现在同一波长位置上，即可说明某一元素的某条谱线存在。此法多用于不经常遇到的元素分析。

2）铁光谱比较法

这是目前最通用的方法，它采用铁的光谱作为波长的标尺，来判断其他元素的谱线。铁光谱作标尺有如下特点：谱线多，在 $210 \sim 660$ nm 有几千条谱线。谱线间相距都很近，在上述波长范围内均匀分布。对每一条铁谱线波长，人们都已进行了精确的测量。标准光谱图是在相同条件下，把 68 种元素的谱线按波长顺序插在铁光谱的相应位置上而制成的。铁光谱比较法实际上是与标准光谱图进行比较，因此又称为标准光谱图比较法。

2.3.2 半定量分析

摄谱法可迅速给出试样中待测元素的大致含量，常用的方法有谱线黑度比较法和显线法。

1）黑度比较法

将试样中与已知不同含量的标准样品在一定条件下摄谱于同一光谱感光板上，然后在映谱仪上用目视法直接比较被测试样中与标准样品光谱中分析线的黑度，若黑度相等，则表明被测试样中待测元素的含量近似等于该标准样品中被测元素的含量。

2）显线法

元素含量低时，仅出现少数灵敏线，随着元素含量增加，一些次灵敏线与较弱的谱线相继出现，于是可以制成一张谱线出现与含量的关系表，以后就可以根据某一谱线是否出现来估测试样中该元素的大致含量。该方法简便快速，但准确度受试样组成与分析条件的影响较大。

2.3.3 定量分析

发射光谱分析受实验条件波动的影响很大，为尽可能补偿和抵消由此引起的误差，通常采用内标法进行定量分析。即利用试样中的另一元素，或人为在试样中引入某一元素（内标元素），不论实验条件如何波动，被测元素与内标元素的分析条件始终保持一致，实验条件的波动对两者的影响程度也基本相当，用这两者谱线强度的比值作为定量分析的指标，实验结果比较稳定可靠。

值得注意的是,除 ICP 外,定量分析并不是原子发射光谱分析的强项,很多情况下可根据具体条件,采用原子吸收光谱分析法或其他方法进行定量分析。

2.4　实验部分

实验 1　ICP-AES 法测定人发中微量铜、铁、锌

一、实验目的

①掌握电感耦合等离子体发射光谱仪的使用方法;

②熟悉电感耦合等离子体发射光谱同时测定多元素的方法;

③了解生化样品的处理方法。

二、实验原理

微量元素与人体健康密切相关,每一种必要微量元素都在维持人体正常生命活动中担负着极其重要的生物学功能。头发作为人体新陈代谢的重要排泄途径之一,其中微量元素的含量反映了人体营养代谢状况。由于头发中各微量元素含量比血液、尿液中高,且具有取材方便、不损伤人体、易于储存和分析等特点,已被看作是一种理想的活体检测材料和环境生物指示性样品。

ICP-AES 分析法是将试样在等离子体光源中激发,使待测元素发射出特征波长的辐射,经过分光,测量其强度而进行定量分析的方法。它具有分析速度快、灵敏度高、稳定性好等特点,且可进行多元素同时分析测定。本实验采用湿式消除法将人发样品溶解成澄清溶液,通过 ICP 光电直读光谱仪测定人发中的微量元素。

三、仪器与试剂

1)仪器

ICP-AES 仪(Agilent 5800);石英坩埚。

2)试剂与器材

高纯氩气;浓硝酸、盐酸、过氧化氢均为分析纯;纯铜、纯铁和纯锌均为光谱纯;实验用水均为去离子水。

3)样品

人发。

四、实验步骤

1)样品溶液的制备

用不锈钢剪刀从后颈部剪取头发试样,将其剪成约 1 cm 发段,用洗发精洗涤,再用自来水清洗多次,将其移入布氏漏斗中,用 1 L 蒸馏水淋洗,于 110 ℃下烘干。准确称取试样 0.3 g,

置于石英坩埚内,加入 5 mL 浓 HNO_3 和 0.5 mL H_2O_2,放置数小时,在电热板上加热,稍冷后滴加 H_2O_2,加热至近干;再加少量浓 HNO_3 和 H_2O_2,加热至溶液澄清,浓缩至 1~2 mL,加入少许蒸馏水稀释,转移至 25 mL 容量瓶中,用蒸馏水稀释至刻度,摇匀,待测定。

2)溶液配制

(1)铜储备液(1.000 mg/mL)

溶解 1.000 g 光谱纯铜于 20 mL 6 mol/L HNO_3,移入 1 000 mL 容量瓶,用高纯水稀释至刻度,摇匀。

(2)铁储备液(1.000 mg/mL)

称取光谱纯铁 1.000 g,溶于 20 mL 6 mol/L HNO_3 中,移入 1 000 mL 容量瓶,用高纯水稀释至刻度,摇匀。

(3)锌储备液(1.000 mg/mL)

称取光谱纯锌 1.000 g,溶于 20 mL 6 mol/L HNO_3 中,移入 1 000 mL 容量瓶,用高纯水稀释至刻度,摇匀。

(4)Cu^{2+},Fe^{3+},Zn^{2+} 混合使用液

分别取 1.000 mg/mL 的铜、铁、锌储备液 5.00 mL 至 50 mL 容量瓶中,加入 6 mol/L HNO_3 溶液 3 mL,用水稀释至刻度,摇匀,此溶液中 Cu^{2+},Fe^{3+},Zn^{2+} 的浓度为 100.0 μg/mL。取 100.0 μg/mL 的 Cu^{2+},Fe^{3+},Zn^{2+} 标准溶液 5.00 mL 至另一 50 mL 容量瓶中,加 6 mol/L HNO_3 溶液 3 mL,用水稀释至刻度,摇匀。此溶液含 Cu^{2+},Fe^{3+},Zn^{2+} 的浓度均为 10.0 μg/mL。

(5)Cu^{2+},Fe^{3+},Zn^{2+} 混合标准溶液

取 5 个 25 mL 容量瓶,分别加入上述 10.0 μg/mL Cu^{2+},Fe^{3+},Zn^{2+} 混合使用液 0.00,2.50,5.00,10.00 和 20.00 mL,加上 6 mol/L HNO_3 溶液 3 mL,用水稀释至刻度,摇匀。此溶液含 Cu^{2+},Fe^{3+},Zn^{2+} 分别为 0.00,1.00,2.00,4.00 和 8.00 μg/mL。

3)ICP-AES 测定条件的设置

①射频发生器　频率 40 MHz,入射功率 1 kW,反射功率小于 5 kW。

②等离子炬管　三层同心石英管。

③雾化器　同轴石英玻璃雾化器。

④氩载气流量　0.3 mL/min。

⑤氩冷却气流量　12 L/min。

⑥氩护套气流量　0.2 L/min。

⑦试液提升量　1.5 mL/min。

⑧测定波长　Cu 324.75 nm,Fe 238.20 nm,Zn 213.86 nm。

⑨积分时间　2 s。

4)测定

根据实验条件,将 ICP-AES 仪按仪器的操作步骤进行调节,分别将配置的 Cu^{2+},Fe^{3+},Zn^{2+} 混合标准溶液和试样溶液上机测试。

五、注意事项

①实验中使用的器皿都用 10% HNO_3 溶液浸泡 48 h,然后二次蒸馏水冲洗,自然晾干备用。

②溶样过程中加 H_2O_2 时,要将试样稍冷,且要慢慢滴加,以免 H_2O_2 剧烈分解将试样溅出。

六、数据处理

自行设计表格,记录工作条件、标准溶液和样品中铜、铁、锌的谱线强度,计算出发样中铜、铁、锌含量,以 μg/g 表示。

七、思考题

①人发样品为何通常用湿法处理? 若用干法处理,会有什么问题?

②如何确定标准溶液中各元素的浓度?

实验 2　ICP-AES 法测定工业废水中铬、锰、铁、镍、铜

一、实验目的

①熟悉电 ICP-AES 的构造及工作原理;

②了解全谱直读等离子体原子发射光谱仪的基本操作;

③了解实际样品预处理及 ICP-AES 在多元素同时测定中的应用。

二、实验原理

采用光电检测器的原子发射光谱仪称为光电直读光谱仪,有多道直读光谱仪、单道扫描光谱仪和全谱直读光谱仪等三种类型,其中全谱直读光谱仪采用了中阶梯光栅分光系统和面阵型电荷转移检测器(CID),可在分光后同时对各波长辐射检测,从而真正体现了原子发射光谱可进行多元素同时检测这一显著优点,而使之成为痕量金属元素分析中最有力的工具之一。全谱直读光谱仪可在一分钟内完成原子发射法所能测定的 70 余种元素的定性及定量分析,是目前原子发射光谱仪的主流类型,本实验即是采用这种仪器测定工业废水中铬、锰、铁、镍、铜等重金属元素。

三、仪器与试剂

1)仪器

全谱直读等离子体原子发射光谱仪(Prodigy,美国 Leeman 公司)。

2)试剂与材料

高纯氩气;HNO_3(优级纯);超纯水。

3)样品

工业废水。

四、实验步骤

1)标准溶液的配制

铬、锰、铁、镍、铜标准贮备液:均为 1.0 mg/mL(国家标准物质中心);铬、锰、铁、镍、铜混合标准溶液:由贮备液用 5% HNO_3 溶液逐级稀释配制,是否需要过滤视具体情况而定。具体浓度见表 2-1。

表 2-1　铬、锰、铁、镍、铜混合标准溶液浓度

元素	Cr	Mn	Fe	Ni	Cu	
	0.0	0.0	0.0	0.0	0.0	1 号混标
含量 /(mg·L^{-1})	0.5	0.5	0.5	0.5	0.5	2 号混标
	1.0	1.0	1.0	1.0	1.0	3 号混标
	5.0	5.0	5.0	5.0	5.0	4 号混标
	10.0	10.0	10.0	10.0	10.0	5 号混标

2)全谱直读等离子体原子发射光谱仪测定条件设置(表 2-2)

表 2-2　全谱直读等离子体原子发射光谱仪测定条件设置

元素	Cr	Mn	Fe	Ni	Cu
波长/nm	206.149	257.610	238.204	221.648	324.754
功率	1.0 kW				
频率	27 ± 3 MHz				
辅助气	0.5 L/min				
冷却气	14 L/min				
雾化压力	310.5 kPa				
样品提吸速率	1.1 mL/min				
观测高度	喷入用 10 μg/mL 锰标准溶液,运行仪观测位置自动调整程序				
机刻光栅	1 800 条/mm($n = 1 \sim 2$)				
全息光栅	3 600 条/mm($n = 1 \sim 2$)				
中级梯光栅	30 ~ 79 条/mm($n = 30 \sim 125$)				
固体检测器	CID				

　　选定待测元素后,仪器软件会提供若干条分析线以供选择,每种元素可选择 3 ~ 5 条分析线,最后根据测定结果以效果最佳的那条定量。

　　3)标准混合系列溶液的测定

　　在上述条件下,待等离子体原子发射光谱仪稳定后,按浓度从低到高的顺序依次测定系列混合标准溶液中铬、锰、铁、镍、铜的响应值。

　　4)待测试样的测定

　　采集的废水试样中若有悬浮物需经 0.45 μm 滤膜过滤后才可进行测定。相同条件下,测定待测水样在选定分析波长下的响应值。

　　五、数据处理

　　①用 Origin 等绘图软件绘制各元素的标准曲线。

　　②根据绘图软件提供的拟合方程和待测水样中各元素的响应值计算待测水样中铬、锰、

铁、镍、铜的含量(以 mg/L 表示)。

③实验报告中应提供标准曲线图、拟合方程及相关系数。

例如:Cr 元素(测定波长:205.552 nm)

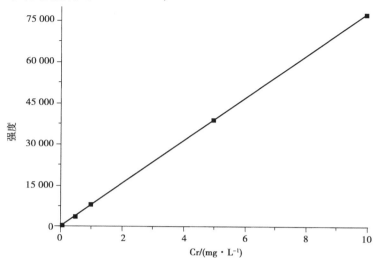

图 2-10　Cr 元素标准曲线图

得到:$R = 0.999\,98$,$A = 114.258\,96$,$B = 7\,753.840\,64$,$Y = 114.258\,96 + 7\,753.840\,64x$,利用铬标准曲线(图 2-10)及水样中 $Y = 23\,340$ 的值可求得 $C_{Cr} = 3.01$ mg/L。

六、注意事项

1)开机

先开氩气(调到 0.65 MPa,小于 0.3 MPa 就要换气),然后按顺序开动变压器、冷却水(只能使用蒸馏水)、固态检测器冷却系统(设置不能低于 20 ℃)以后,开启计算机,启动 ICP-AES 光谱仪,再打开计算机中的 Salsa 软件,等到二次连接成功以后,关闭软件,把检测系统的温度设定在 -44 ℃,再次打开软件,然后让其预热到 35 ℃,大概需要 1 h。

2)调试

①建立方法和命名;②元素和波长的选择;③输入标准浓度;③设置分析参数(一般很少改动)。

3)测试

①点燃等离子体;②等离子体定位;③波长校准;④波长扫描和确认;⑤背景校正;⑥标准曲线的测量和确认;⑦样品分析。

4)关机

关闭仪器前吸入清洗溶液(2% HNO_3 溶液)10 min,然后吸入去离子水 10 min,在线清洗样品引入系统,然后按"Extinguish"按钮熄火,再通一段时间氩气,使固态检测器需要驱气干燥后再关闭;然后依次退出软件操作,把软件检测系统的温度设定在 20 ℃后,打开软件,等温度达到 20 ℃,关闭软件,松开蠕动泵,关闭计算机,按 ICP 的红色按钮关闭仪器,最后依次关闭冷却水、稳压器。

七、思考题

为什么 ICP 光源能够提高原子发射光谱分析的灵敏度和准确度?

实验 3　ICP-AES 法测定矿泉水中微量元素

一、实验目的

①掌握 ICP-AES 分析的基本原理;

②学习 ICP 发射光谱仪的操作和分析方法;

③应用 ICP-AES 测定矿泉水中 Sr 含量。

二、实验原理

矿泉水中含有 Ca,Na,K,Mg,Zn,Fe,P,Sr 等多种微量元素,对人体生长、发育、生殖以及衰老过程起着重要作用。通常这些微量元素含量很低,采用 ICP-AES 法能较快地准确地测定。

含有 Sr 的矿泉水由载气(氩气)带入雾化系统雾化后,以气溶胶形式进入等离子体的轴向中心通道,在高温和惰性气氛中被充分蒸发、原子化、电离和激发,发射出待测元素 Sr 的特征谱线,根据特征谱线强度确定矿泉水中 Sr 的含量。

三、仪器与试剂

1)仪器

光电直读等离子体原子发射光谱仪(Prodigy,美国 Leeman 公司)。

2)试剂与材料

高纯氩气;硝酸锶(优级纯);实验用水均为去离子水。

3)样品

市售瓶装矿泉水。

四、实验步骤

1)标准溶液的配制

(1)Sr 标准贮备液(1 000 μg/mL)

准确称取 2.415 2 g 硝酸锶,溶解于体积分数为 1% HNO_3 中并稀释至 1 000 mL,摇匀。其浓度为 1 000 μg/mL。

(2)Sr 标准使用液(10 μg/mL)

准确移取 1 000 μg/mL Sr 标准贮备液 10.00 mL 于 1 000 mL 的容量瓶中,用去离子水定容,摇匀。其浓度为 10 μg/mL。

2)配制标准系列

分别移取 Sr 标准工作液 1.00,5.00,10.00,15.00,20.00 mL 于 100 mL 的容量瓶中,用去离子水定容,系列浓度为 0.1,0.5,1.0,1.5,2.0 μg/mL。

3)仪器工作前的准备

开机、预热、点燃等离子体,待炬焰稳定,仪器即处于工作状态。

4）测定

将配制的标准系列溶液及样品（矿泉水）引入炬管,测定。

五、数据处理

计算机绘制工作曲线,并计算待测物含量。

六、思考题

试述等离子体的轴向中心通道对于等离子体发射光谱分析性能的重要意义。

第 3 章
原子吸收光谱法

原子吸收光谱法（Atomic Absorption Spectrometry, AAS）是 20 世纪 50 年代中期问世的一种新型仪器分析方法。它是基于被测元素的基态原子对其原子共振辐射的吸收强度来测定试样中被测元素含量的方法。其具有灵敏度高、检测限低、选择性好、准确度高、操作简便的优点，可测定的元素达 70 多种，不仅可测定金属元素，也可以用间接原子吸收法测定非金属元素和有机化合物。现已被广泛应用于各个领域。

3.1　基本原理

3.1.1　原子吸收光谱的产生

原子吸收是基态原子受激吸收跃迁的过程。当有辐射通过自由原子蒸气，且入射辐射的频率等于原子中外层电子由基态跃迁到较高能态所需能量的频率时，原子就产生共振吸收，由基态跃迁至激发态。由于原子的能级是量子化的，因此，原子对辐射的吸收是有选择性的。由于各元素的原子结构和外层电子的排布不同，从基态跃迁至第一激发态时所吸收的能量 ΔE 不同，因而各元素的共振吸收线具有不同的波长。

$$\Delta E = h\nu = \frac{hc}{\lambda}$$

式中　h——普朗克常量；

　　　ν——辐射的频率；

　　　c——光速；

　　　λ——辐射的波长。

原子吸收谱线主要位于紫外区和可见区。

3.1.2　原子吸收定量分析原理

1）原子吸收谱线展宽的因素

原子吸收谱线呈线状，但并不是严格几何意义上的线，它占据着一定的波长范围，只是宽度很窄,约 10^{-2}nm。温度、压力、磁场等因素可导致谱线展宽,展宽幅度一般为 $10^{-4} \sim 10^{-3}$nm。

温度展宽又称为多普勒展宽,是由原子热运动引起的。相对原子量越小,温度越高,展宽现象越严重,反之亦然。压力展宽又称为碰撞展宽,是由原子间的相互碰撞引起的。激发态的平均寿命越长,对应的谱线宽度就越窄,而碰撞缩短激发态的平均寿命。激发态原子与同种元素基态原子碰撞引起的展宽称为共振展宽(霍兹玛克展宽);激发态原子与其他元素的原子碰撞引起的展宽称为洛伦兹展宽。此外,一些其他因素也可导致谱线变宽,如场致变宽、自吸效应等。

2)积分吸收和峰值吸收

一定条件下,基态原子数 N_0 正比于吸收曲线包括的面积。若要准确测量该面积积分吸收值,需要 10^{-5}nm 的分光能力,目前尚无手段能够达到。通常以测量峰值吸收代替积分吸收。在通常的原子吸收分析条件测试下,若吸收线的轮廓主要取决于多普勒变宽,则峰值吸收系数 K_0 与基态原子 N_0 成正比

$$K_0 = \frac{2\sqrt{\pi\ln 2}}{\Delta\nu_D} \frac{e^2}{mc} N_0 f$$

采用发射线半宽度显著小于吸收线半宽度的锐线光源(如空心阴极灯),则可以通过测量峰值吸收进行定量分析。

3)原子吸收分析的定量关系式

在通常的原子吸收测定条件下,由于温度不高(低于 3 500 ℃),原子蒸气中的激发态原子相对于基态原子可忽略不计,因此基态原子数 N_0 近似等于总原子数 N。

当使用待测元素的特征辐射为光源时,$\Delta\lambda$ 很小,可近似地认为吸收系数 k' 为常数,即在中央波长附近的 $\Delta\lambda$ 范围内不随波长而改变

$$A = k'N_0 L$$

由于一定实验条件下,被测元素的含量或浓度 c 与原子蒸气相中的原子总数 N 之间保持一定的比例关系,即

$$N_0 = \alpha c$$

所以,当仪器条件确定时

$$A = k'\alpha c L = kLc = Kc$$

3.2　仪器结构

原子吸收分光光度计由光源、原子化系统、分光系统和检测系统等组成。

3.2.1　光源

光源的作用是发射出能被被测元素吸收的特征波长谱线。对光源的基本要求是发射的特征波长的半宽度要明显小于吸收线的半宽度,辐射强度大,背景低,稳定性好,噪声小及使用寿命长。目前主要采用的是空心阴极灯,其结构如图 3-1 所示。

它是由封在玻璃管中的一个钨丝阳极和一个由被测元素的金属或合金制成的圆筒状阴极组成,内充低压的氖气或氩气。空心阴极灯的发光是辉光放电,放电集中在阴极空腔内。将空

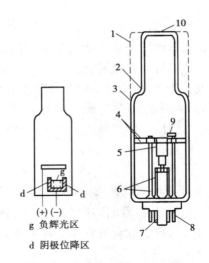

图 3-1 空心阴极灯的结构示意图

1—紫外玻璃窗口;2—逐级密封;3—玻璃套;4—云母屏蔽;5—阴极;6—支架;

7—八脚管座;8—连接管脚;9—阳极;10—石英窗口

心阴极灯放电管的电极分别接在电源的正负极上,并在两极之间加 300~500 V 电压后,在电场的作用下,从阴极发出的电子向阳极做加速运动,电子在运动中与载气原子发生非弹性碰撞,产生能量交换,载气原子引起电离并放出二次电子,使电子与正离子数目增加。正离子从电场中获得能量并向阴极做加速运动,当正离子的动能大于金属阴极表面的晶格能时,正离子碰撞在金属阴极表面就可以将原子从晶格中溅射出来。阴极表面受热,也会导致其表面元素的热蒸发。溅射与蒸发出来的原子进入空腔内,再与电子、原子、离子等发生非弹性碰撞而受到激发,发射出相应元素的特征的共振辐射。

3.2.2 原子化器

原子化器的作用是提供足够的能量,使样品中的分析物干燥、蒸发并转变为基态原子。原子化方法主要分为火焰、非火焰(石墨炉电热原子化法),还有氢化物法和冷原子蒸气法等低温原子化方法。

1)火焰原子化器

常用的火焰原子化器是预混合型原子化器,如图 3-2 所示,由雾化器、混合室和燃烧室组成。

雾化器是原子化器的主要部件,它的作用是将试样溶液进行雾化,使之能成为微米级的气溶胶。对雾化器的要求是喷雾要多,雾滴直径小,雾滴均匀、喷雾速度稳定。

混合室的作用是使较大的气溶胶在室内凝聚为大的溶珠,沿室壁流入泄液管排走,使进入火焰的气溶胶更为均匀。同时,使燃气与助燃气、气溶胶在混合室充分混合均匀以减少它们进入火焰时对火焰的扰动,并让气溶胶在室内部分蒸发脱溶。

燃烧室的作用是产生火焰,使进入火焰的气溶胶蒸发和原子化。最常用的乙炔-空气火焰可以获得约 2 300 ℃ 的最高温度,可测定 30 多种金属元素。乙炔-氧化亚氮火焰可获得 2 955 ℃ 的最高温度并具有还原性,适宜测定易形成氧化物及难原子化的金属元素。

2)非火焰原子化器

常用的非火焰原子化器是管式石墨炉原子化器,如图 3-3 所示。它主要由电源、炉体和石

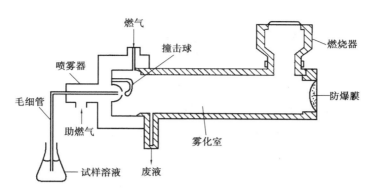

图 3-2　混合型火焰原子化器

墨管组成,另有水冷外套和惰性气体保护控制系统。固体或液体试样用进样器定量注入石墨管中,并以石墨管作为电阻发热体,通电后迅速升温,使试样达到原子化的目的。

外电源加在石墨管两端,供给原子化器能量,电流通过石墨管产生 3 000 ℃高温,使置于石墨管中的被测元素变为基态原子蒸气。在仪器启动后,保护气氩气流通,空烧完毕,切断氩气流。外气流中的氩气沿石墨管外壁流动,以保护石墨管不被烧蚀,内路的氩气从管两端流向管中心,由管中心孔流出,以有效地除去在干燥和灰化过程中产生基体成分,同时保护已经原子化了的原子不再被氧化。在原子化阶段,停止通气,以延长原子在吸收区内的平均停留时间,避免对原子蒸气的稀释。

石墨炉的优点是试样原子化效率高,不被稀释,原子在吸收区域平均停留时间长,灵敏度比火焰法高。石墨炉加热后,由于有大量碳存在,还原气氛强。石墨炉温度可调,如有低温蒸发干扰元素,可以在原子化温度前分馏除去。样品用量少,并且可以直接固体进样。原子化温度可以自由调节,因此可以根据元素的原子化温度不同,选择控制温度。

石墨炉的缺点是装置复杂。当样品基体蒸发时,可能造成较大的分子吸收,石墨管本身的氧化也会产生分子吸收,石墨管等固体粒子还会使光散射,背景吸收大,要使用背景校正器校正。管壁能辐射较强的连续光,噪声大。因为石墨管本身的温度不均匀,所以要严格控制加入样品的位置,保证测定的重现性和精度。

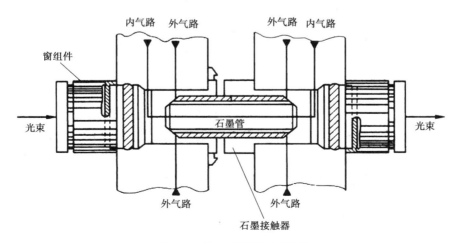

图 3-3　管式石墨炉原子化器

3.2.3 单色器

在原子吸收分光光度法中,所发射的光谱,除了含有待测原子的共振线外,还含有待测原子的其他谱线、元素灯填充气体发射的谱线、灯内杂质气体发射的分子光谱与阴极材料中其他杂质元素的谱线等。单色器的作用就是要把待测元素的共振线和其他谱线分开,以便进行测定。单色器由入射狭缝和出射狭缝、反射镜、聚光镜和色散元件组成。色散元件主要是光栅,放在原子化器之后,阻止来自原子化器内的所有不需要的辐射进入检测器。

3.2.4 检测系统

检测系统包括检测器和信号处理、显示记录软件。检测器一般采用光电倍增管,它是一种利用二次电子发射放大光电流来将微弱的光信号转变为电信号的器件。由一个光点发射阴极、一个阳极和若干倍增级所组成。当光阴极收到光子的碰撞时,发出光电子。光电子再继续碰撞倍增级,产生多个次级电子,这些电子再与下一级倍增级相碰撞,电子数依次倍增,经过 $9 \sim 16$ 级倍增级,放大倍数可达到 $10^6 \sim 10^9$。最后测量的阳极电流与入射光强度及光电子倍增管的增益成正比。改变光电倍增管的负高压可以调节增益,从而改变检测器的灵敏度。

3.3 实验技术

3.3.1 样本制备

样品制备第一步是取样,取样要具有代表性。取样量大小要适当,取样量的大小取决于试样中被测元素的含量、分析方法及其要求的测量精度。

样品制备过程中要防止沾污。污染是影响分析结果可靠性的重要原因之一,主要污染源来自水、大气、容器和所用的试剂。在普通的化学实验室中,空气中常含有 Fe,Cu,Ga,Mg,Si 等元素,一般来说,大气污染难以校正。容器污染程度与其材料、制作工艺有关,随着温度的升高,污染程度增大。容器根据测定要求确定,对于不同容器,应采取各自合适的洗涤方法。

样本制备过程中另一个重要问题就是避免样品损失。浓度较低(小于 1 μg/mL)的溶液,由于吸附及溶出等原因,一般是不稳定的,不能作为储备溶液,应当现用现配。储备溶液一般配置浓度较大(1 000 μg/mL 以上)的溶液。试样溶液放置在聚乙烯容器里,维持必要的酸度,保存在清洁、低温、阴暗的地方;有机溶液在储存过程中,应避免与塑料等直接接触。

3.3.2 标准样品的配置

标准样品的组成要尽可能接近未知试样的组成。溶液中总含盐量对雾珠的形成和蒸发速度都有影响,其影响大小与盐类性质、含量、火焰温度、雾珠大小有关,当含盐量在 0.1% 以上时,在标准样品中也应加入等量的同一盐类,以消除基体差异对分析测定的影响。标准溶液的浓度下限取决于检测限。从测定精度的观点出发,合适的浓度范围应该是在能产生 0.15 ~ 0.75 单位吸光度或 15% ~ 65% 透过率之间的浓度。

3.3.3　样本预处理

原子吸收光谱分析一般采用溶液进样,被测样品预处理方法与通常的化学分析相同,试样应分解完全,分解过程中不能引入污染和造成待测组分损失。分解试样最常用的方法包括酸溶解和碱熔融。通常采用稀酸、浓酸或混合酸对样品进行处理,对酸不溶物采用熔融法。有机试样通常先进行灰化处理,除去有机物基体。灰化处理一般是对原材料直接进行热处理。对于易挥发性元素(Hg,As,Gd,Pb 等),由于这些元素在灰化过程中损失严重,一般不能采用灰化处理。灰化后的残留物再用合适的酸溶解。

3.3.4　测定方法

1)标准曲线法

适用于大量样品的分析,试样的基体组成须简单,干扰效益轻微。

2)标准加入法

适用于少量对分析要求较高的样品的分析。该方法可较好地克服基本效应的影响。

3.3.5　测定条件的选择

原子吸收光谱分析的测量条件或灵敏度的影响因素主要有:吸收线的选择、狭缝宽度、空心阴极灯的工作电流、单位时间的进样量、原子化条件、燃烧器的高度。

3.3.6　干扰效应及其消除方法

原子吸收检测中的干扰可分为四种类型:物理干扰、化学干扰、电离干扰和光谱干扰。

物理干扰是非选择性干扰,对各元素试样影响基本相似。可通过配置与被测试样组成相似的标准样品,来消除物理干扰。在试样组成未知时,可采用标准加入法或稀释法来减小或消除物理干扰对定量分析的影响。

化学干扰是一种选择性干扰,与特定的化学反应相关。可采用集中方法来克服或抑制化学干扰,如预先化学分离,选择合适类型的火焰,加入释放剂和保护剂,使用基体改进剂等。

电离干扰是指在高温下原子的部分电离,使基态原子的浓度下降,造成原子吸收信号降低。当被测元素浓度增大,电离干扰减弱。可加入更易电离的碱金属元素,如加入高浓度 KCl,抑制电离干扰。

光谱干扰包括谱线重叠、光谱通带内有非吸收线、原子化器的直流发射、分子吸收和光散射等。对背景进行校正是降低光谱干扰的主要方法,主要有四种校正方法:邻近非共振线校正背景、连续光源校正背景、塞曼效应校正背景、自吸效应校正背景。

3.4 实验部分

实验1 石墨炉原子吸收光谱法测定样品中铅的含量

一、实验目的

①学习原子吸收光谱法的基本原理；

②了解原子吸收分光光度计的基本结构及其操作技术。

二、实验原理

在使用锐线光源和低浓度的情况下，基态原子蒸气对共振线的吸收符合朗伯-比耳定律

$$A = \lg \frac{I_0}{I} = KLN_0$$

式中　A——吸光度；

　　　I_0——入射光强度；

　　　I——经原子蒸气吸收后的透过光强度；

　　　K——吸光系数；

　　　L——吸收层厚度，即燃烧器的缝长，在实验中为一定值；

　　　N_0——待测元素的基态原子密度。

当试样原子化火焰的绝对温度低于 3 000 K 时，可以认为原子蒸气中基态原子的数目实际上接近于原子总数。在固定的实验条件下，原子总数与试样浓度 c 的比例是恒定的，因此上式可写作

$$A = K'c$$

式中，K' 在一定实验条件下是常数，即吸光度与浓度成正比，这是原子吸收分光光度法的定量基础。定量方法可用标准曲线法和标准加入法等。

标准曲线法是原子吸收分光光度分析中一种常用的定量方法，常用于未知试样溶液中共存基体成分较为简单的情况。当试样组成复杂，配制的标准溶液与试样组成之间存在较大差别时，常采用标准加入法。该法是在数个容量瓶中加入等量的试样，分别加入不等量（倍增）的标准溶液，用适当溶剂稀释至一定体积后，依次测出它们的吸光度。以加入标样的质量（μg）为横坐标，相应的吸光度为纵坐标，绘出标准曲线，再将曲线外推至与横坐标相交，横坐标与标准曲线延长线的交点至原点的距离 x 即为容量瓶中所含试样的质量，从而求得试样的含量。

三、仪器与试剂

1）仪器

原子吸收光谱仪（AA800，美国 PE 公司）；铅空心阴极灯；无油空气压缩机。

2）试剂与材料

高纯氩气;硝酸铅(优级纯);硝酸(分析纯);实验用水均为去离子水。

3）样品

饮用水;未知液。

四、实验步骤

1）标准溶液的配制

（1）铅标准贮备液(1 000 μg/mL)

硝酸铅于 110 ℃烘干 2 h,称取 21.599 g 硝酸铅溶于水,用稀硝酸溶液定容至 1 000 mL,摇匀,作为储备液。

（2）铅标准使用液(100 μg/mL)

准确吸取 10.00 mL 1 000 μg/mL 铅标准贮备液于 100 mL 容量瓶中,用水稀释至刻度,摇匀。

（3）铅标准溶液系列

取 5 个 100 mL 容量瓶,依次加入 2.00,4.00,6.00,8.00,10.00 mL 100 μg/mL 铅标准溶液,用去离子水稀释至刻度,摇匀备用。该标准溶液系列铅的浓度分别为 2.00,4.00,6.00,8.00,10.00 μg/mL。

2）自来水样溶液的配制

吸取 50.00 mL 自来水置于 100 mL 容量瓶中,用水稀释至刻度,摇匀备用。

3）吸光度的测量

按 AA800 原子吸收光谱仪的步骤启动仪器,并点火。测量各标准溶液系列溶液的吸光度。在相同的实验条件下,测定未知液、自来水样等溶液中铅的吸光度。

五、数据处理

1）记录实验条件

记录实验条件,如表 3-1 所示。

表 3-1　实验条件

实验条件	铅
吸收线波长/nm	
空心阴极灯电流/mA	
狭峰宽度/mm	
氩气流量/(L·min⁻¹)	

2）绘制铅的标准曲线,计算水样中 Pb 的含量(μg/mL)

六、问题讨论

①原子吸收分光光度分析为何要用待测元素的空心阴极灯作光源? 能否用氢灯或钨灯代替? 为什么?

②试讨论影响试样吸光度大小的因素。

实验 2　石墨炉原子吸收光谱法测定土壤中镉的含量

一、实验目的

①掌握原子吸收分光光度法原理及测定镉的技术;

②了解土壤中镉测定的前处理技术。

二、实验原理

石墨炉原子吸收法是采用电流加热石墨炉原子化器,使之达到 2 000 ℃以上的高温,从而使样品达到原子化的技术。石墨炉升温程序按干燥、灰化、原子化、净化 4 步完成,整个过程中除原子化阶段外,石墨炉管在惰性气体的保护下工作,以免在高温下被空气氧化。各阶段温度、温度保持时间、升温方式按试样组成及分析元素设置。在干燥阶段,温度升至 100 ~ 130 ℃,溶剂及 HCl 等酸挥发,溶质留于管壁。"灰化"阶段使试样中有机物灰化,铵盐及 H_3PO_4 等物质分解或挥发除去。原子化阶段温度最高,分析元素蒸发并解离为原子,这时惰性保护气停气,以减少分析元素蒸气逸散,测量分析元素的原子吸收光谱信号。"清除"程序将石墨炉管加热到 2 950 ℃,除去残留物,清除记忆效应。石墨炉原子吸收光谱法由于原子化器较小,基态原子在其中停留时间较长(约 1 s),并且原子蒸气浓度比火焰法要高两个数量级以上,因此具有较高的灵敏度,已被环境保护总局(现为生态环境部)在《水和废水监测分析方法》(第四版)中列为测定镉的 B 类分析方法。

三、仪器与试剂

1)仪器

原子吸收光谱仪(AA800、美国 PE 公司);镉空心阴极灯;无油空气压缩机。

2)试剂与材料

高纯氩气;盐酸、硝酸、氢氟酸、高氯酸均为优级纯;镉粉(光谱纯);超纯水。

3)样品

镉污染土壤。

四、实验步骤

1)土样试液的制备

称取 0.5 ~ 1.000 g 土样于 25 mL 聚四氟乙烯坩埚中,用少许水润湿,加入 10 mL HCl,在电热板上加热(<450 ℃)消解 2 h,然后加入 15 mL HNO_3,继续加热至溶解物剩余约 5 mL 时,再加入 5 mL HF 并加热分解除去硅化合物,最后加入 5 mL $HClO_4$ 加热至消解物呈淡黄色时,打开盖,蒸至近干。取下冷却,加入(1 +5)HNO_3 1 mL 微热溶解残渣,移入 50 mL 容量瓶中,定容。同时进行全程序试剂空白实验。

2)镉标准溶液配制

镉标准贮备液:称取 0.500 0 g 金属镉粉(光谱纯),溶于 25mL(1 +5)HNO_3(微热溶解)。冷却,移入 500 mL 容量瓶中,用蒸馏去离子水稀释并定容。此溶液每毫升含 1.0 mg 镉。

镉标准使用液:吸取 10.0 mL 镉标准贮备液于 100 mL 容量瓶中,用水稀释至标线,摇匀备用。吸取 5.0 mL 稀释后的标液于另一 100 mL 容量瓶中,用水稀释至标线即得每毫升含 5 μg 镉的标准使用液。

3)仪器预热

依次开氩气开关、循环冷却水器开关(18～22 ℃)、石墨炉电源、原子吸收光谱仪电源、仪器工作站,启动软件,开启元素灯,预热 40 min。

4)测定条件设置

测定波长 228.8 nm,通带宽度 1.0 nm,灯电流 1 mA,氩气流速 0.2 L/min,进样体积 20 μL,普通石墨管,石墨炉升温程序如表 3-2 所示。

表 3-2　测定条件

升温步骤	温度/℃	保持时间/s	流速/($℃ \cdot min^{-1}$)	流速/($L \cdot min^{-1}$)
干燥	100	30	10	0.2
灰化	300	20	150	0.2
原子化	900	30	0	off
净化	2 500	30	0	0.2

实验条件应根据仪器具体情况而定,上述仅供参考。

5)标准曲线的绘制

吸取镉标准使用液 0,0.50,1.00,2.00,3.00,4.00 mL 分别于 6 个 50mL 容量瓶中,用 0.2% HNO_3 溶液定容、摇匀。此标准系列分别含镉 0,0.05,0.10,0.20,0.30,0.40 μg/mL。测其吸光度,绘制标准曲线。

6)样品测定

(1)标准曲线法

按绘制标准曲线条件测定试样溶液的吸光度,扣除全程序空白吸光度,从标准曲线上查得镉含量。

$$镉含量(mg/kg) = \frac{m}{W}$$

式中　m——从标准曲线上查得镉含量,μg;

W——称量土样干质量,g。

(2)标准加入法

取试样溶液 5.0 mL 分别于 4 个 10mL 容量瓶中,依次分别加入镉标准使用液 (5.0 μg/mL)0,0.50,1.00,1.50 mL,用 0.2% HNO_3 溶液定容,设试样溶液镉浓度为 c_x,加入标准溶液后试样浓度分别为 $c_x+0,c_x+c_s,c_x+2c_s,c_x+3c_s$,测得之吸光度分别为 A_x,A_1,A_2,A_3。绘制 A-c 图(图略)。由图可知,所得曲线不通过原点,其截距所反映的吸光度正是试液中待测镉离子浓度的响应。外延曲线与横坐标相交,原点与交点的距离,即为待测镉离子的浓度。结果计算方法同上。

五、注意事项

①土样消化过程中,最后除 $HClO_4$ 时必须防止将溶液蒸干,不慎蒸干时 Fe、Al 盐可能形成

难溶的氧化物而包藏镉,使结果偏低。注意无水 $HClO_4$ 会爆炸!

②镉的测定波长为 228.8 nm,该分析线处于紫外光区,易受光散射和分子吸收的干扰,特别是在 220.0~270.0 nm,NaCl 有强烈的分子吸收,覆盖了 228.8 nm 线。另外,Ca、Mg 的分子吸收和光散射也十分强。这些因素皆可造成镉的表观吸光度增大。为消除基体干扰,可在测量体系中加入适量基体改进剂,如在标准系列溶液和试样中分别加入 0.5 g $La(NO_3)_3 \cdot 6H_2O$。此法适用于测定土壤中含镉量较高和受镉污染土壤中的镉含量。

③高氯酸的纯度对空白值的影响很大,直接关系到测定结果的准确度,因此必须注意全过程空白值的扣除,并尽量减少加入量以降低空白值。

④进样针将试样溶液注入石墨管中的位置(水平位置和垂直深度)对分析的精密度及准确度影响很大,须认真进行优化调整,以获得最佳分析结果。在实际操作中,先进行进样针水平位置定位校正,使进样针处于石墨管的正中(左、右方向);然后逆时针调节进样针垂直调节螺丝(调低),把进样针从较高位置调整到针尖恰好落到石墨管底部,此时在进样臂上做一标志,再顺时针调节垂直调节螺丝,将进样臂调高 1 mm,即使进样针针尖离开石墨管底部 1 mm。用该方法较正毛细管进样针的定位简便易行,起到了事半功倍的效果。

六、思考题

①石墨炉程序升温对测定结果有何影响?

②土壤前处理未消解完全对测定结果有何影响?

实验 3　火焰原子吸收光谱法测定自来水中钙和镁的含量

一、实验目的

①学习原子吸收光谱法的基本原理;

②了解原子吸收分光光度计的基本结构及其使用方法;

③掌握应用标准曲线法测定自来水中钙、镁的含量。

二、实验原理

在使用锐线光源条件下,基态原子蒸气对共振线的吸收符合朗伯-比尔定律。在试样原子化时,火焰温度低于 3 000 K 时,对大多数元素来说,原子蒸气中基态原子的数目实际上接近原子总数。在固定的实验条件下,待测元素的原子总数与该元素在试样中的浓度 c 成正比,可以表示为

$$A = K'c$$

就是进行原子吸收定量分析的依据。

原子吸收定量分析常用的方法有标准曲线法、标准加入法、稀释法和内标法。对组成简单的试样,用标准曲线法进行定量分析较方便。

三、仪器与试剂

1)仪器

原子吸收分光光度计(AA800,美国 PE 公司);钙、镁空心阴极灯;无油空气压缩机或空气

钢瓶。

2）试剂与材料

乙炔瓶；基准碳酸钙、氧化镁、盐酸均为分析纯；超纯水。

3）样品

自来水。

四、实验步骤

1）系列标准溶液的配制

钙标准溶液：准确称取 2.498 0 g 于 110 ℃ 干燥的基准 $CaCO_3$，加入 100 mL 去离子水，滴加少量（1＋1）HCl 使其溶解。低温电炉上加热至沸，赶尽 CO_2，用去离子水定容至 1 000 mL，即为 1 000 μg/mL 的钙储备液。吸取 10 mL 钙的储备液于 100 mL 容量瓶中，用去离子水稀至刻度，即为 100 μg/mL 钙标准使用液。

镁标准溶液：准确称取 0.250 0 g 于 100 mL 烧杯中，盖上表面皿，滴加 5 mL 1 mol/L HCl 溶液溶解，然后把溶液转移到 250 mL 容量瓶中，用水稀释至刻度，摇匀备用，即为 1 000 μg/mL 的镁储备液。准确吸取 5 mL 标准储备液于 100 mL 容量瓶中，用水稀释至刻度，摇匀备用，即为 50 μg/mL 镁标准使用液。

用 5 mL 移液管分别吸取 0,1.00,2.00,3.00,4.00,5.00 mL 0.100 mg/mL 钙标准溶液于 6 个 50 mL 容量瓶中，再用 5 mL 移液管分别吸取 0,1.00,2.00,3.00,4.00,5.00 mL 0.005 mg/mL 镁标准溶液于上述 6 个 50 mL 容量瓶中，分别加入 2.5 mL（1＋1）HCl，用蒸馏水稀释至刻度，摇匀。系列标准溶液分别含钙 0,2.00,4.00,6.00,8.00,10.00 μg/mL，含镁 0,0.10,0.20,0.30,0.40,0.50 μg/mL。

选择上述工作参数调整仪器，测量并记录标准系列的吸光度。

2）实验条件设置

实验条件设置如表 3-3 所示。

表 3-3 实验条件

条件＼元素	钙	镁
吸收线波长/nm	422.7	285.2
空心阴极灯电流/mA	8	8
狭缝宽度/mm	0.2	0.08
燃烧器高度/mm	6.0	4.0
负高压	3	3
量程	1	1
时间常数	1	1
乙炔流量/(L·min⁻¹)	1	1
空气流量/(L·min⁻¹)	4.5	4.5

实验条件应根据仪器具体情况而定,上述条件仅供参考。

3)水样的测定

用 5 mL 移液管吸取自来水样 5.00 mL 于 50 mL 容量瓶中,加入 2.5 mL (1 + 1) HCl,用蒸馏水稀释至刻度,摇匀。安装钙空心阴极灯,参照上述测量条件测定钙的吸光度。安装镁空心阴极灯,参照上述测量条件测定镁的吸光度。

五、注意事项

试样的吸光度应在标准曲线的线性范围之内并尽量靠近中部,否则须改变取样的体积以满足上述条件。

六、数据处理

用 Origin 作图程序绘制钙和镁的标准曲线,由未知试剂的吸光度求出自来水中钙、镁的含量($\mu g/mL$)。

七、思考题

①试述标准曲线的特点及适用范围。

②如果试样成分比较复杂,应该怎样进行测定?

③比较原子吸收光谱法和原子发射光谱法在样品分析过程中各有哪些优缺点。

实验4　火焰原子吸收光谱法测定样品中铜的含量

一、实验目的

①学习原子吸收光谱法的基本原理;

②了解原子吸收分光光度计的基本结构及其操作技术。

二、实验原理

每一种元素的原子不仅可以发射一系列特征谱线,也可以吸收与发射线波长相同的特征谱线。当光源发射的某一特征波长的光通过原子蒸气时,即入射辐射的频率等于原子中的电子由基态跃迁至较高能态(一般情况下都是第一激发态)所需要的能量频率时,原子中的外层电子将选择性地吸收其同种元素所发射的特征谱线,使入射光减弱。特征谱线因吸收而减弱的程度称吸光度 A,在线性范围内与被测元素的含量成正比

$$A = K'c$$

式中,K' 在一定实验条件下是常数,这是原子吸收光谱法定量分析的理论基础。定量方法可用标准曲线法和标准加入法等。

标准曲线法是原子吸收分光光度分析中一种常用的定量方法,常用于未知试样溶液中共存基体成分较为简单的情况。当试样组成复杂,配制的标准溶液与试样组成之间存在较大差别时,常采用标准加入法。该法是在数个容量瓶中加入等量的试样,分别加入不等量(倍增)的标准溶液,用适当溶剂稀释至一定体积后,依次测出它们的吸光度。以加入标样的质量(μg)为横坐标,相应的吸光度为纵坐标,绘出标准曲线,再将曲线外推至与横坐标相交,横坐标与标准曲线延长线的交点至原点的距离 x 即为容量瓶中所含试样的质量,从而求得试样的含量。

三、仪器与试剂

1）仪器

原子吸收分光光度计（AA800，美国 PE 公司）；铜空心阴极灯；无油空气压缩机。

2）试剂与材料

乙炔钢瓶；100 μg/mL 铜标准液；去离子水。

3）样品

饮用水；食品。

四、实验步骤

1）铜标准溶液的配制

铜标准溶液系列：取 5 个 100 mL 容量瓶，依次加入 2.00，4.00，6.00，8.00 及 10.00 mL 100 μg/mL 铜标准溶液，用去离子水稀释至刻度，摇匀备用。该系列标准溶液铜的浓度分别为 2.00，4.00，6.00，8.00，10.00 μg/mL。

2）配制自来水样溶液

吸取 50.00 mL 自来水置于 100 mL 容量瓶中，用水稀释至刻度，摇匀备用。

3）吸光度的测量

按 AA800 型原子吸收分光光度计的步骤启动仪器，并点火。根据实验条件调节狭缝宽度、灯电流、燃烧器高度、负高压、波长、乙炔流量、空气流量等参数，用去离子水调节吸光度为 0，测量标准系列溶液的吸光度。在相同的实验条件下，选用 324.8 nm 的波长进行测量，测定自来水样溶液中铜的吸光度。

五、数据处理

1）记录实验条件

记录实验条件，如表 3-4 所示。

表 3-4　实验条件

实验条件	铜
吸收线波长/nm	
空心阴极灯电流/mA	
狭峰宽度/mm	
燃烧器高度/mm	
负高压/V	
乙炔流量/(L·min^{-1})	
空气流量/(L·min^{-1})	

2）绘制铜的标准曲线,计算水样中铜的含量($\mu g/mL$)

六、思考题

①原子吸收分光光度分析为何要用待测元素的空心阴极灯作光源？能否用氢灯或钨灯代替？为什么？

②试讨论影响试样吸光度大小的因素。

③原子吸收光谱与等离子体发射光谱的主要区别是什么？

第 4 章
紫外-可见分光光度法

紫外-可见吸收光谱法属于分子吸收光谱方法,是利用分子对外来辐射的吸收特性建立起来的分析方法,是基于测量物质对 180 ~ 800 nm 波长范围内紫外-可见光吸收程度的一种分析方法。

紫外-可见吸收光谱法具有许多特点,它既可以利用物质本身对不同波长光的吸收特性,也可以借助化学反应改变待测物质对光的吸收特性,因而广泛应用于各种物质的定性和定量分析。紫外-可见吸收光谱法具有灵敏度高、准确度好,仪器价格低廉,仪器结构简单,操作简便等优点,该方法在分析化学、生物化学、药物分析、食品检验、环境保护等领域中均有重要应用。

4.1　基本原理

4.1.1　吸收光谱的产生

紫外-可见吸收光谱属于分子吸收光谱,它起源于分子中电子能级的变化,是由分子的外层价电子跃迁产生的。每种电子能级的跃迁会伴随若干振动和转动能级的跃迁,使分子光谱呈现出更为复杂的宽带吸收。

当分子吸收紫外-可见区的辐射后,产生价电子跃迁。这种跃迁有三种形式:①形成单键的 σ 电子跃迁;②形成双键的 π 电子跃迁;③未成键的 n 电子跃迁。

图 4-1 定性地表示了各种类型的电子跃迁所需能量和吸收波长的位置。由图 4-2 可见,电子跃迁有 $n \rightarrow \pi^*$、$n \rightarrow \sigma^*$、$\sigma \rightarrow \sigma^*$、$\pi \rightarrow \pi^*$ 四类。各类跃迁所需能量不同,其大小顺序为 $\sigma \rightarrow \sigma^* > n \rightarrow \sigma^* > \pi \rightarrow \pi^* > n \rightarrow \pi^*$。通常,未成键的孤对电子较易激发,成键电子中,π 电子较相应的 σ 电子具有较高的能量,反键电子则相反。因此,简单分子中 $n \rightarrow \pi^*$ 跃迁需能量最小,吸收带出现在长波方向;$n \rightarrow \sigma^*$、$\pi \rightarrow \pi^*$ 跃迁的吸收带出现在较短波段;$\sigma \rightarrow \sigma^*$ 跃迁的吸收带则出现在远紫外区。

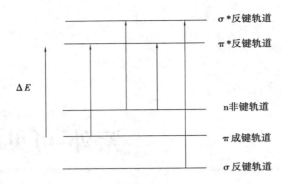

图 4-1　电子跃迁能级示意图

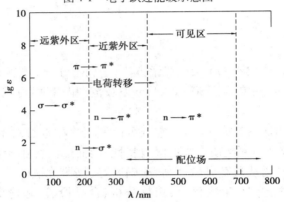

图 4-2　电子跃迁所处的波长范围及强度

4.1.2　朗伯-比尔定律

物质对光的吸收遵循朗伯-比尔定律。当一束平行单色光通过一定浓度的均匀溶液时,入射光强度 I_0 与透过光强度 I 之比的对数与吸光物质的浓度及液层厚度成正比,其数学表达式为

$$A = \lg(I_0/I) = \varepsilon bc$$

式中　A——吸光度;

　　　b——液层厚度;

　　　c——吸光物质的浓度,mol/L;

　　　ε——摩尔吸光系数。

在特定的波长和溶剂情况下,摩尔吸光系数 ε 是吸光分子(或离子)的特征常数。当多组分共存时,若各吸光物质之间没有相互作用,某一波长处,体系的总吸光度等于各组分吸光度之和,即吸光度具有加和性

$$A = A_1 + A_2 + \cdots + A_n = \varepsilon_1 bc_1 + \varepsilon_2 bc_2 + \cdots + \varepsilon_n bc_n$$

4.1.3　分子结构与紫外吸收光谱的关系

1)分子的电子光谱

分子内部的运动及其能级和对应的吸光光谱为:

价电子运动	电子能级	紫外-可见区
分子内原子在平衡位置附近的振动	振动能级	红外区
分子绕其中心的转动	转动能级	远红外区

分子在发生电子能级跃迁的同时,通常伴随着振动能级和转动能级的跃迁。由于转动谱线之间的间距仅为 0.25 nm,因此在气液相中,分子热运动所引起的变宽效应和碰撞变宽效应而产生的谱线变宽会超过此间距,从而使得分子的吸收光谱成为一条连续的吸收带。当分子溶解在溶剂中时,溶剂分子溶剂化,溶质分子的转动光谱和振动均受限,分子的电子光谱只呈现宽带状。因此,分子的电子光谱又称为带状光谱。

2) 有机化合物分子的电子跃迁

有机化合物的紫外吸收光谱的产生与其结构密切相关,因此,紫外-可见分光光谱常用作结构分析的依据。它不但可以对直接吸收紫外、可见光的物质进行定性、定量分析,同时也可以利用化学反应使不吸收紫外、可见光的物质转化为可吸收紫外、可见光的物质进行测定。

(1) 饱和有机化合物

甲烷、乙烷等饱和有机化合物只有 σ 电子,只产生 σ→σ* 跃迁,吸收带在远紫外区。当这类化合物的氢原子被电负性大的 O、N、S、X 等取代后,由于孤对 n 电子比 σ 电子易激发,吸收带向长波移动,此时产生的 n→σ*,故含有—OH,—NH₂,—NR₂,—OR,—SR,—Cl,—Br 等基团时,吸收带有红移现象。

(2) 不饱和脂肪族有机化合物

此类化合物中含有 π 电子,产生 π→π* 跃迁,在 175～200 nm 处有吸收。若存在—NR₂,—OR,—SR,—Cl,—CH₃ 等基团,也产生红移并使吸收强度增大。对含共轭双键的化合物、共轭多烯化合物,则由于大 π 键的形成,吸收带红移更甚。

(3) 芳香族化合物

苯环有 π→π* 跃迁及振动跃迁,其特征吸收带在 250 nm 附近有 4 个强吸收峰,如图 4-3 所示,称为 B 吸收带,B 吸收带的精细结构常用来辨认芳香族化合物,但当有取代基时,B 吸收带会简化,λ_{max} 产生红移,吸收强度增加。此外,芳环还有 184 nm 和 204 nm 处的 E 带吸收,是由苯环结构中三个乙烯的环状共轭系统跃迁产生的,是芳香族化合物的特征吸收。

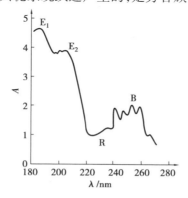

图 4-3　苯的紫外吸收光谱(乙醇中)

(4) 不饱和杂环化合物

不饱和杂环化合物也有紫外吸收。

有些溶剂,特别是极性溶剂,对溶质吸收峰的波长、强度及形状可能产生影响。这是因为溶剂和溶质间常形成氢键,或溶剂的偶极性使溶质的极性增强,引起 $n→π^*$ 及 $π→π^*$ 吸收带的迁移,$n→π^*$ 跃迁吸收带随溶剂极性增大向短波移动,$π→π^*$ 而跃迁随溶剂极性增大向长波移动。

3) 无机化合物

无机化合物除利用本身颜色或紫外区有吸收的特性外,为提高灵敏度,常采用三元配合的方法,金属离子配位数高,配位体积小,另一多齿配体可得到灵敏度增高、吸收值红移的效果。无机化合物的电子跃迁形式有电荷跃迁和配位场跃迁。

4.2 仪器结构

分光光度法所采用的仪器称为分光光度计。紫外-可见分光光度计按其光学系统可分为单光束和双光束分光光度计、单波长和双波长分光光度计。分光光度计主要由光源、单色器、样品池、检测器和记录器组成,如图4-4所示。

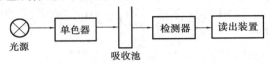

图4-4 单光束分光光度计流程图

4.2.1 光源

在紫外检测中,一般要求光源能够发射足够强度的连续光谱,具有良好的稳定性,辐射能量随波长无明显变化,使用寿命长。常用的光源有两种:钨灯和氘灯。钨灯是可见区和近红外区最常用的光源,它是一种热光源,发射的是连续光谱,使用的波长范围为300~2 500 nm。氘灯是一种气体放电灯,可使用范围160~360 nm,其在接通电路时会放电发光。

4.2.2 单色器

单色器是一种将光源的混合光分解为单色光,并能任意改变波长的装置,它是分光光度计的核心,通常由入射狭缝、准直镜、色散原件、物镜和出射狭缝等构成。其中,色散原件是关键。紫外-可见分光光度计均采用棱镜或光栅作为色散原件,它们能将复合光分解为各种波长的单色光。

4.2.3 样品池

样品池,又称吸收池,用于盛放溶液。根据材料分为玻璃样品池和石英样品池。其中,玻璃样品池用于可见光区光谱测定,石英样品池用于紫外和可见光区光谱测定。样品池的两个光学面必须平整光洁,使用时不能用手触摸。

4.2.4 检测器

检测器的作用是将透过样品池的光信号转变为电信号输出,其输出信号的大小与透过光的强度成正比。常用的检测器有光电池、光电管、光电倍增管、二极管阵列等。其中,光电倍增管应用最为广泛,具有响应速度快,可检测 $10^{-8} \sim 10^{-9}$ s 的脉冲光。

4.2.5　记录器

经光电倍增管转变的电信号,再经适当放大,可被记录器记录。随着计算机技术的发展,现在的分光光度计一般采用计算机实现自动控制、记录和数据处理。

4.3　实验技术

在定性分析中,物质的紫外吸收光谱主要反映其分子中生色团和助色团的特性,因此,仅依靠紫外-可见分光光度法不能完全决定物质的分子结构,必须与红外吸收光谱、核磁共振谱、质谱及其他化学物理方法配合,才能得到可靠的结论。在定量分析中,具有紫外吸收的分子或通过显色剂进行衍生后具有紫外吸收的分子,可以通过各种分光光度法进行定量测定。

4.3.1　样本制备

在实际测定中,通常需要将固体样本转变为溶液,无机样本用合适的酸溶解或用碱熔融,有机样本用有机溶剂溶解。用于光度分析的溶剂应当具有良好的溶解能力,在测定波段没有明显的吸收,被测样本在溶剂中具有良好的峰形。此外,还应具有挥发性小、不易燃、无毒性、价格低廉等优点。紫外-可见分光光度法中常用的溶剂有水、甲醇、乙醇、环己烷、氯仿、二氯甲烷、石油醚、乙酸等。

4.3.2　测定条件的选择

1）波长

根据待测组分的吸收光谱,选择最大吸收波长作为测量波长,从而获得较高的灵敏度,同时此处的吸光度随波长变化最小,从而保证精确度。在实际测定中,待测组分的最大波长吸收还可能受到干扰物质的影响,因此,还应依据“干扰最小、吸收最大”的原则确定测量波长,以减少共存杂质的干扰。

2）吸光度范围

吸光度在不同的范围内所引起的测量误差是不同的。通常情况下,吸光度为 0.2~0.8,测定浓度的相对误差较小。因此,在实际测量过程中,待测溶液浓度的吸光度需调节在此范围内。

3）狭缝宽度

狭缝宽度过小会造成测量信噪比降低,宽度过大会降低测量的灵敏度。因此,在测量中应选择合适的狭缝宽度。

4）反应条件

在测定无机金属离子时,通常会加入显色剂,生成显色物质,然后进行测定。显色剂包括无机和有机显色剂两类,一般都应具有选择性好,灵敏度高,生成的有色化合物化学性质稳定,与生成物的最大吸收波长具有较大差值的特点。影响显色反应的因素主要有:①溶液的 pH值;②显色剂的浓度;③显色时间;④显色反应的温度;⑤掩蔽剂的选择;⑥试剂加入的顺序。

4.3.3 测定方法

常用的定量方法包括目视比色法、标准曲线法、标准加入法、多元分析法、光度滴定法、差示分光光度法、导数分光光度法等。其中,较为常用的是标准曲线法和标准加入法。

1)标准曲线法

在相同条件下,测定一系列不同浓度的标准溶液(c_1, c_2, c_3, $\cdots$, c_n),其吸光度为 A_1, A_2, A_3, $\cdots$, A_n。以吸光度为纵坐标,标准溶液的浓度为横坐标,绘制标准曲线。在相同条件下,测定待测溶液的吸光度,通过标准曲线确定待测溶液的浓度,如图4-5所示。

2)标准加入法

当待测溶液成分复杂,难以确认其他共存基体组分时,采用标准加入法进行测定是非常有效的。分取等量的待测溶液若干份,第一份不加入待测组分的标准溶液,其余各份分别加入不同量的待测组分标准溶液。所有试液均定容至同一体积,在相同条件下测定各试液的吸光度 A,绘制吸光度 A 对待测组分加入量 Δc 的关系曲线。通过标准曲线计算得待测溶液中待测组分的含量。

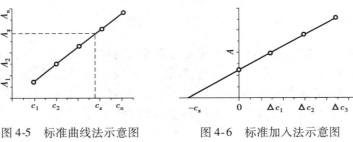

图4-5　标准曲线法示意图　　　图4-6　标准加入法示意图

4.4　实验部分

实验1　紫外吸收光谱鉴定物质的纯度

一、实验目的

①学习利用紫外吸收光谱鉴定物质纯度的原理和方法;

②熟练紫外-可见分光光度计的操作。

二、实验原理

许多有机物在紫外区有特征吸收光谱,从而可用来进行有机物的鉴定及结构分析(主要用于鉴定有机物的官能团)。此外,还可对同分异构体进行鉴别,对具有 π 键电子及共轭双键的化合物特别灵敏,在紫外光区有极强烈的吸收谱。该法在有机物分析中主要可进行如下分析:纯度检查;未知样的鉴定;互变异构体的判别;分子结构的推测;定量测定。

例如,与饱和烃化合物明显不同的是,具有 p 键电子的共轭双键化合物、芳香烃化合物等,在紫外光谱区都有很强烈吸收,具有摩尔吸光系数 ε 可达 $10^4 \sim 10^5$ 数量级。利用这一特性,可以很方便地检验纯饱和烃化合物中是否含有共轭双键化合物、芳香烃等杂质。从图 4-7 乙醇的紫外吸收光谱图可以看出,由于乙醇中含有微量苯,故在波长 230～270 nm 处出现 B 吸收带(曲线 2),而纯乙醇在该波长范围内不出现苯的 B 吸收带(曲线 1)。因此,可利用物质的紫外吸收光谱的不同,检验物质的纯度。

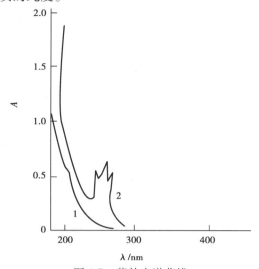

图 4-7　紫外光谱曲线
1—纯乙醇;2—苯(乙醇为溶剂)

图 4-8 是蒽醌和邻苯二甲酸酐的分子结构,由于在蒽醌分子结构中的双键共轭体系大于邻苯二甲酸酐,因此,蒽醌的吸收带红移比邻苯二甲酸酐大,且吸收带形状及其最大吸收波长各不相同,由此得到鉴定,其紫外吸收光谱见图 4-9。

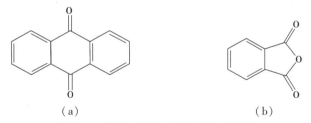

（a）　　　　　　　　　　　　　　（b）

图 4-8　蒽醌与邻苯二甲酸酐分子结构

三、仪器及试剂

1）仪器

TU-1901 紫外-可见分光光度计(北京普析)。

2）试剂与材料

无水乙醇、无水甲醇、正庚烷、苯、蒽醌、邻苯二甲酸酐均为分析纯;1 cm 石英比色皿。

四、实验步骤

1）溶液的配制

（1）苯的正庚烷溶液

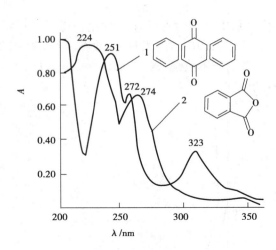

图 4-9 紫外光谱曲线

1—蒽醌;2—邻苯二甲酸酐(甲醇为溶剂)

100 mL 容量瓶注入 10 μL 苯,用正庚烷稀释至刻度,摇匀。

(2)苯的乙醇溶液

100 mL 容量瓶注入 10 μL 苯,用无水乙醇稀释至刻度,摇匀。

(3)蒽醌甲醇溶液(0.1 mg/L)

称取 10 mg 蒽醌用甲醇溶解定容于 100 mL 容量瓶中,摇匀,得 100 mg/L 蒽醌甲醇储备液。再移取 0.1 mL 蒽醌甲醇储备液于 100 mL 容量瓶中,甲醇定容,得 0.1 mg/L 蒽醌甲醇溶液。

(4)邻苯二甲酸酐甲醇溶液(0.1 mg/L)

称取 10 mg 邻苯二甲酸酐用甲醇溶解定容于 100 mL 容量瓶中,摇匀,得 100 mg/L 邻苯二甲酸酐甲醇储备液。再移取 0.1 mL 邻苯二甲酸酐甲醇储备液于 100 mL 容量瓶中,甲醇定容,得 0.1 mg/L 邻苯二甲酸酐甲醇溶液。

2)测定条件设置

按照仪器使用说明调节仪器至正常状态,设定仪器扫描波长在 200～400 nm。

3)测定

扫基线(对参比溶液调零)。用待测试液洗涤石英比色皿 3 次,装入待测试液至比色皿容积的 2/3～4/5,将比色皿放入比色皿架,盖好盖板,分别扫描无水乙醇、苯的乙醇溶液、苯的正庚烷溶液、0.1 mg/L 蒽醌甲醇溶液、0.1 mg/L 邻苯二甲酸酐甲醇溶液的紫外吸收光谱图,记录待测物紫外吸收光谱。

五、数据处理

①记录实验条件,保存实验资料。

②通过紫外吸收光谱的对比,说明检验物质纯度的可行性。

③与萨特勒(Sadtler)紫外标准图谱对照,检查测得的苯、蒽醌、邻苯二甲酸酐的峰值吸收波长 λ_{max} 是否与标准图谱一致。

六、思考题

①如何利用紫外吸收光谱进行物质纯度检查？
②在紫外光谱区饱和烷烃为什么没有吸收峰？
③为什么紫外吸收光谱可用于物质纯度检查？

实验 2　维生素 B_{12} 注射液的定性鉴别及含量测定

一、实验目的
①掌握紫外分光光度计的正确使用方法，熟悉吸收曲线的绘制；
②掌握紫外可见分光光度法进行物质的定性和定量方法；
③掌握标示量及稀释度等计算方法。

二、实验原理

维生素 B_{12} 是含有 Co 的有机化合物（结构式如图 4-10 所示），是一种深红色结晶或结晶性粉末，其注射液为 1 mL 含 B_{12} 100 μg 及 500 μg 两种规格。

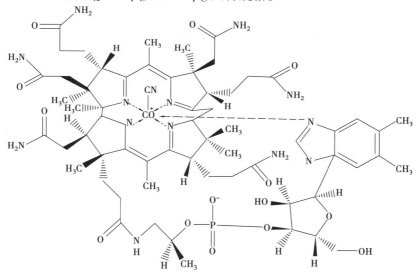

图 4-10　维生素 B_{12} 结构式

绘制 B_{12} 水溶液的吸收曲线在 (278 ± 1) nm、(361 ± 1) nm、(550 ± 1) nm 波长有最大吸收，通过最大吸收峰的位置及其吸光度之比，计算其吸收系数，进行定性鉴别。

根据《中国药典（2010 版）》规定，定性鉴别标准为

$$\frac{E_{1cm}^{1\%} 361 \text{ nm}}{E_{1cm}^{1\%} 278 \text{ nm}} = 1.70 \sim 1.88 \qquad \frac{E_{1cm}^{1\%} 361 \text{ nm}}{E_{1cm}^{1\%} 550 \text{ nm}} = 3.15 \sim 3.45$$

按照注射液的含量测定方法，在 (361 ± 1) nm 波长处测得的吸光度乘以 48.31，既得标示量稀释液的含量（μg/mL）。

三、仪器与试剂

1）仪器

TU-1901 紫外-可见分光光度计（北京普析）。

2）试剂与材料

实验用水均为去离子水；1 cm 石英比色皿。

3）样品

B_{12} 注射液（500 μg/mL）。

四、实验步骤

1）启动仪器，预热 20 min

参看紫外-可见分光光度计的说明，熟悉该仪器的性能、工作原理和使用方法。启动仪器，预热 20 min。

2）B_{12} 吸收曲线绘制

取 1 支 1 mL 浓度为 500 μL/mL B_{12} 注射液，倒入 50 mL 容量瓶中并用去离子水稀释至刻度，摇匀。用 1 cm 石英比色皿，以去离子水为参比，在 230～600 nm 波长测定其吸光度。然后绘制 A-λ 吸收曲线图，确定最大吸收峰位置，并计算吸光度之比进行定性。标准品吸收曲线如图 4-11。

3）计算含量

根据 361 nm 波长处测定的吸光度，计算原始 B_{12} 注射液的含量（μg/mL）。

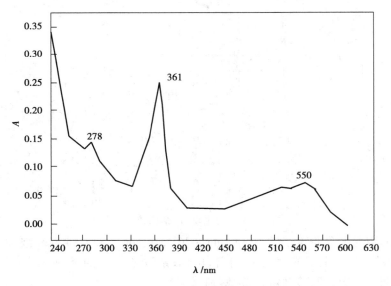

图 4-11　维生素 B_{12} 紫外可见吸收光谱

五、数据处理

1）吸收曲线的绘制

记录不同波长下的吸光度（表 4-1）。

表 4-1　吸收曲线数据

λ/nm	230	250	270	274	278	282	286	290	310	330
A										

λ/nm	350	354	356	361	365	370	380	390	400	450
A										

λ/nm	500	520	530	540	550	570	580	600
A								

以波长为横坐标,相应的吸光度为纵坐标,绘制 A-λ 吸收曲线。

2)计算最大吸收波长处吸光度之比并进行定性

$$\frac{E_{1cm}^{1\%}361\ nm}{E_{1cm}^{1\%}278\ nm} = \frac{A_{361\ nm}}{A_{278\ nm}} = 1.70 \sim 1.88 \qquad \frac{E_{1cm}^{1\%}361\ nm}{E_{1cm}^{1\%}550\ nm} = \frac{A_{361\ nm}}{A_{550\ nm}} = 3.15 \sim 3.45$$

3)计算维生素 B_{12} 注射液的含量($\mu g/mL$)

维生素 B_{12} 注射液含量测定时依据标准 B_{12} 的 $E_{1cm}^{1\%}361\ nm = 207$,测定此值时,其浓度单位为 $1\ g/100\ mL$。现欲测定的 B_{12} 注射液的浓度单位为 $\mu g/mL$,所以须将 207 换算为 $\mu g/mL$ 时吸收系数的数值,即

$$E_{1cm}^{1\%}361\ nm = \frac{207 \times 100}{10^6} = 207 \times 10^{-4}$$

$$c_{(B_{12}稀释液)} = \frac{A}{207 \times 10^4} = A \times 48.31 (\mu g/mL)$$

$$c_{(B_{12})} = A \times 48.31 \times 50(稀释倍数)(\mu g/mL)$$

若有维生素对照品的标示量,可采用比较法进行计算

$$样品标示量 = 对照品标示量 \times \frac{A_x}{A_s}$$

六、思考题

①简述紫外分光光度法测定维生素 B_{12} 含量及定性鉴别原理。

②在用紫外分光光度法时,如果取 1 mL 维生素 B_{12} 注射液,用蒸馏水稀释至 25 mL,在 361 nm 波长处测得吸光度为 0.419,计算此 B_{12} 注射液每 mL 所含的质量。

实验 3　邻二氮菲分光光度法测定铁

一、实验目的

①掌握研究显色反应的一般方法;

②测定未知式样的铁含量。

二、实验原理

用分光光度法测定无机离子时,通常需用显色剂生成有色络合物,然后进行分光光度测定。在此过程中,应当考虑以下因素:

①显色剂和有机络合物的吸收光谱能否满足分光光度测定的要求。一般二者的吸收光谱 λ_{max} 应相距 60 nm 以上。

②为使显色反应进行完全,必须确定合适的显色剂用量。不同的显色反应,有机络合物达到稳定的时间和维持稳定的时间各不相同。因此,需研究显色剂用量、显色时间、有色络合物稳定时间的影响。

③研究溶液的 pH 值对显色反应的影响。显色剂一般为有机弱酸,溶液酸度大小影响显色剂的离解和金属离子的状态,进而影响有色络合物的生成及其稳定性,显色反应一般在室温下就能进行完全,但有时则需要加热,这时就需要研究温度的影响。

④溶液中存在多种金属离子时,需要研究干扰离子的影响和消除方法。

用于铁的显色剂很多,其中邻二氮菲(又称邻菲罗啉)是测定微量铁的一种较好的显色剂,它是测定 Fe^{2+} 的一种高灵敏度和高选择性试剂,与 Fe^{2+} 生成稳定的橙色络合物,络合物的摩尔吸收系数 ε 为 $1.1 \times 10^4 L/(mol \cdot cm)$,pH 值为 2～9,颜色深度与酸度无关。在还原剂存在下,颜色可保持几个月不变。Fe^{3+} 与邻二氮菲生成淡蓝色络合物,在进行分光光度测定之前,需用盐酸羟胺将 Fe^{3+} 还原成 Fe^{2+}。该方法选择性好,应用广泛。

三、仪器与试剂

1)仪器

TU-1901 紫外-可见分光光度计(北京普析);pH 计。

2)试剂与材料

$NH_4Fe(SO_4)_2 \cdot 12H_2O$、HCl、盐酸羟胺、邻二氮菲、无水乙醇、醋酸钠、氢氧化钠均为分析纯;实验用水均为去离子水;1 cm 玻璃比色皿。

3)样品

未知浓度的铁溶液。

四、实验步骤

1)溶液的配制

(1)铁标准溶液(100.0 μg/ mL)

准确称取 0.863 4 g $NH_4Fe(SO_4)_2 \cdot 12H_2O$,置于烧杯中,加入 20 mL HCl (1 + 1)和少量水,溶解后转移至 1 L 容量瓶中用水稀至刻度,摇匀。

(2)10% 盐酸羟胺溶液

准确称取 10.0 g 盐酸羟胺于小烧杯中,用去离子水溶解,移至试剂瓶中用蒸馏水稀释至 100 mL,加盖,摇匀(两周内有效)。

(3)0.15% 邻二氮菲溶液

准确称取 0.375 g 邻二氮菲,先用少量乙醇溶解,移至试剂瓶中用蒸馏水稀释至 250 mL,加盖,摇匀(需避光保存,两周内有效)。

（4）1.0 mol/L 醋酸钠溶液

准确称取 41.0 g 醋酸钠于小烧杯中加水溶解,移至试剂瓶中用蒸馏水稀释至 500 mL,摇匀。

（5）0.1 mol/L 氢氧化钠溶液

准确称取 0.4 g 氢氧化钠,溶解于 100 mL 水中,摇匀。

2）绘制吸收曲线

取两个 25 mL 容量瓶,其中 1 个加入 0.3 mL 铁标准溶液,然后在两个容量瓶中各加入 0.5 mL 盐酸羟胺溶液,摇匀,放置 2 min。之后分别加入 1.0 mL 邻二氮菲溶液和 2.5 mL 醋酸钠溶液,用水稀释至刻度,摇匀。以蒸馏水作为参比溶液,分别绘制上述两种溶液的吸收曲线。再用不含铁的试剂溶液作为参比溶液,绘制有色络合物的吸收光谱。选择合适的测定波长,比较 3 种吸收光谱。

3）稳定性试验

在 25 mL 容量瓶中,用上述方法配置含铁有机络合物溶液和试剂溶液,迅速摇匀,放置约 2 min,用 1 cm 吸收池,以不含铁的试剂溶液作参比溶液,在选定的 λ_{max} 下测定吸光度,记下吸光度和时间。间隔 2,5,10,30,60,120 min 测定一次记下相应的吸光度数值。

4）显色剂用量试验

在 8 个 25 mL 容量瓶中,加入 0.30 mL 铁标准溶液,0.5 mL 盐酸羟胺溶液,然后分别加入邻二氮菲溶液 0,0.1,0.3,0.5,0.7,1.0,1.5 和 2.0 mL。最后在各瓶中加入 2.5 mL 醋酸钠溶液,用水稀释至刻度,摇匀。用 1 cm 吸收池,以不含显色剂的溶液作参比溶液,在选定的 λ_{max} 下测定吸光度,记下各吸光度值。

5）pH 值的影响

在 7 个 25 mL 容量瓶中,加入 0.3 mL 铁标准溶液,0.5 mL 盐酸羟胺溶液,1.0 mL 邻二氮菲溶液,然后用滴定管依次加入 0,2.5,5.0,7.5,10.0,12.5,15.0 mL 氢氧化钠溶液,用水稀释至刻度,摇匀。用 pH 计测定以上溶液的 pH 值,记录数值。再以蒸馏水作参比溶液,在选定的波长下测定吸光度,记录吸光值。

6）测定不同浓度铁的吸光度

在 6 个容量瓶中,分别加入 0.5 mL 盐酸羟胺溶液,1.0 mL 邻二氮菲溶液,然后依次加入铁标准溶液 0,0.2,0.4,0.6,0.8,1.0 mL,用水稀释至刻度,摇匀。再以不含铁的试剂溶液作参比溶液,在选定波长下测定各瓶的吸光度,记录各吸光值。

7）未知试样溶液的测定

在 3 个 25 mL 容量瓶中,分别加入 2.5 mL 未知浓度的含铁溶液,按实验步骤 6）的方法配置溶液,测定吸光度,记录其数值。

五、数据处理

①从吸收曲线中,选取测定有色络合物的 λ_{max}。

②绘制有色络合物的显色剂的用量曲线、稳定曲线和 pH 值影响曲线,并讨论。

③绘制铁的工作曲线,计算回归方程并做相关性检验。

④计算未知样的原始浓度及置信范围。

⑤计算铁-邻二氮菲络合物的摩尔吸收系数。

六、注意事项

①盐酸羟胺与铁离子反应放置时间不少于 2 min；

②当考察同一因素对显色反应的影响时，保持仪器的光谱带通、扫描速度等测定条件不变。

七、思考题

①根据本实验的内容，讨论参比溶液的选择。

②本实验中，醋酸钠的作用是什么？若用氢氧化钠代替，有什么区别？

③根据实验，说明测定 Fe^{2+} 的浓度范围。

第 5 章
红外光谱法

红外光谱法是鉴别化合物和确定物质分子的常用手段之一。它可以对单一组分或混合物中各组分进行定量分析,对一些在紫外无法找到明显特征峰且难以分离的样品可较迅速地完成定量分析。红外还可以与色谱联用,对多组分样品同时分离和定性;与显微技术联用进行微区(10 μm × 10 μm)和微量(10^{-12} g)样品的分析鉴定;与拉曼光谱联用获得红外弱吸收的信息。这些新技术为物质结构的研究提供了更多的手段,使得红外光谱法广泛地应用于无机化学、有机化学、高分子化学、化工、生物、医药等领域。

红外光谱仪主要经历了三个发展阶段。第一代光谱仪以棱镜为色散原件,它使红外分析技术进入了实用阶段。由于棱镜材料(氯化钠、溴化钾等)折射率可随温度的变化发生变化,分辨率低,光学材料制造工艺复杂,仪器需恒温、低湿等条件。第二代光谱仪是 20 世纪 60 年代以后发展起来的,它以光栅为色散原件,分辨能力较棱镜显著提高,仪器测量范围宽。但由于光栅型仪器在远红外区能量很弱,光谱质量差,扫描速度慢,动态跟踪难以实现,目前大多数厂家已基本停止生产光栅型仪器。第三代红外光谱仪是 20 世纪 70 年代后发展起来的傅里叶变换红外光谱仪(Fourier Transform Infrared Spectrometer,FTIR),它无分光系统,一次扫描即可完成全谱,大大扩展了红外光谱法的应用领域。该型仪器扫描速度快,可在 1 s 内测得多张红外谱;光通量大,可检测透过率比较低的样品,便于利用漫反射、镜面反射等各种附件,从而检测不同的样品;分辨率高,便于观察气态分子的精细结构;光源范围宽,只要调整光源、分束器和检测器的配置,就可以获得整个红外区的光谱。

5.1 基本原理

红外吸收光谱分析法主要依据分子内部原子间的相对振动和分子转动等信息,故又称为分子振动光谱。除了单原子和同核分子之外,几乎所有有机化合物都有红外光谱吸收。它们的红外光谱随着结构的不同而存在差异。有机化合物的红外吸收频率主要包括双原子分子和多原子分子两种类型。

5.1.1 双原子分子的红外吸收频率

双原子分子的振动可看作分子中的原子以平衡点为中心,以很小的振幅做周期性振动,可近似看作简谐振动。以经典力学的方法,将两个质量为 m_1 和 m_2 的原子看作两个小球,连接两原子的化学键为无质量的弹簧,弹簧长度为化学键长度 r。由经典力学导出该体系的基本振动频率计算公式

$$\nu = \left(\frac{1}{2}\pi c\right)\left(\frac{\kappa}{\mu}\right)^{\frac{1}{2}}$$

式中　ν——振动频率,Hz;

κ——化学键的力常数,g/s^2;

c——光速(3×10^{10} cm/s);

μ——原子的折合质量($\mu = \frac{m_1 m_2}{m_1 + m_2}$)。

振动频率的强度取决于化学键的强度和原子的质量。化学键的力常数越大,则化学键的振动频率越高,吸收峰将出现在高波数区;反之,则出现在低波数区。

5.1.2 多原子分子的红外吸收频率

多原子分子振动有多重振动方式,振动光谱比双原子分子要复杂。多原子振动可分解为多个简单的简正振动,即分子质心保持不变,整体不转动,每个原子都在其平衡位置附近做简谐振动。分子中的任一复杂振动可看成这些简正振动的线性组合。简正振动的数目称为振动自由度,每个振动自由度相当于红外光谱图上一个基频吸收带。假设分子由 n 个原子组成,每个原子在空间上有 3 个自由度,则分子有 $3n$ 个自由度。非线性分子有 3 个转动自由度,线性分子有 2 个转动自由度,因此非线性分子有 $3n-6$ 个振动自由度,线性分子有 $3n-5$ 个振动自由度。实际检测中,绝大多数化合物在红外光谱图上出现的峰数远小于理论上计算的振动数。

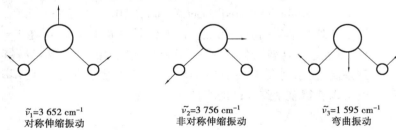

$\tilde{\nu}_1 = 3\ 652$ cm^{-1}
对称伸缩振动

$\tilde{\nu}_2 = 3\ 756$ cm^{-1}
非对称伸缩振动

$\tilde{\nu}_3 = 1\ 595$ cm^{-1}
弯曲振动

图 5-1　水分子的振动及红外吸收

5.1.3 红外光谱的表示方法

不同的化学键或官能团,其振动能级从基态跃迁到激发态所需的能量不同,因此要吸收不同的红外光。物质吸收不同的红外光,将在不同波长出现吸收峰。红外光谱图的横坐标是波长(μm)或频率,频率以波数(cm^{-1})表示,波长和波数互为倒数,纵坐标为透过率或吸收强度,以($T\%$)表示。红外波段通常分为近红外区(13 300 ~ 4 000 cm^{-1})、中红外区(4 000 ~ 400 cm^{-1})和远红外区(400 ~ 10 cm^{-1}),有机化合物大部分重要基团的振动频率出现在中红外区。

5.2　仪器结构

目前,红外光谱仪主要包括两类:色散型红外光谱仪和傅里叶变换红外光谱仪。色散型红外光谱仪的组成部件与紫外-可见分光光度计相似,但部件结构、所用材料及性能、排列顺序与紫外-可见分光光度计不同。红外光谱仪的样品是放在光源和单色器之间,图 5-2 为常见的双光束红外可见分光光度计的原理图。

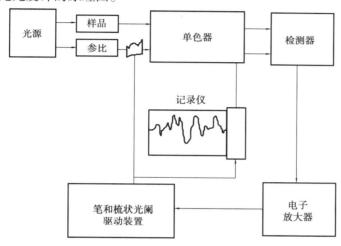

图 5-2　双光束红外分光光度计的原理图

傅里叶变换红外光谱仪(FTIR)的结构和工作原理与色散型仪器完全不同。它由光源、迈克尔逊干涉仪、样品池、检测器、计算机组成。由光源发出的光经干涉仪变成干涉光,当干涉光通过样品时,某一些波长的光被样品吸收,成为含有样品信息的干涉光,由计算机采集得到样品的红外光谱图。与色散型红外光谱仪不同,FTIR 没有光栅或棱镜等色散原件,干涉仪也没有把光按频率分开,只是将各种频率的光信号经干涉作用调制为干涉图函数,然后经计算机进行傅里叶变换为常见的红外光谱图。

FTIR 是基于光相干性原理而设计的干涉型红外光谱仪。它不同于依据光的折射和衍射而设计的色散型红外光谱仪。它与棱镜和光栅的红外光谱仪比较,称为第三代红外光谱仪。但由于干涉仪不能得到人们已习惯并熟知的光源的光谱图,而是光源的干涉图。为此,可根据数学上的傅里叶变换函数的特性,利用电子计算机将其光源的干涉图转换成光源的光谱图,即将以光程差为函数的干涉图变换成以波长为函数的光谱图,故将这种干涉型红外光谱仪称为傅里叶变换红外光谱仪。确切地说,光源发出的红外辐射经干涉仪转变成干涉光,通过试样后得到含试样信息的干涉图,由电子计算机采集,并经过快速傅里叶变换,得到吸收强度或透光度随频率或波数变化的红外光谱图。其工作原理如图 5-3 所示。

FTIR 具有以下特点:①扫描速度快。整个扫描时间内同时测定所有频率的信息,一般只要 1 s 左右,可用于测定不稳定物质的红外光谱。②具有很高的分辨率。分辨率通常可达到 $0.1 \sim 0.005 \text{ cm}^{-1}$,一般棱镜型红外光谱仪分辨率在 $1\,000 \sim 3 \text{ cm}^{-1}$。③灵敏度高。能量损失小,可检测 10^{-8}g 量级的样品。此外,还具有光谱范围宽($10\,000 \sim 10 \text{ cm}^{-1}$)、测量精度高、重

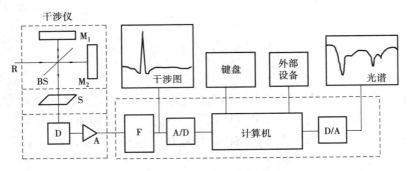

图 5-3　FTIR 工作原理

R—红外光源；M₁—定镜；M₂—动镜；BS—光束分裂器；S—试样；

D—探测器；A—放大器；F—滤光器；A/D—模数转换器；D/A—数模转换器

复性好、杂散光干扰小等优点,特别适合研究化学反应机理及与气相色谱仪联用分析复杂有机物。

5.3　实验技术

5.3.1　样本制备

样本制备是红外光谱分析中的重要环节。要想获得一张高质量的红外光谱图,除了仪器性能和操作技术外,还应当有合适的样本制备方法。根据分析目的、样本性质、测试要求,样本制备方法主要有气体试样、液体试样、固体试样三种,一般有以下几个要求:

①试样应该为单一组分的纯物质,纯度高于 98%,以便与纯物质的标准光谱进行对照;

②试样中不应含有游离水,水具有红外吸收,对样品光谱有严重干扰;

③试样浓度和测试厚度应适当,以使光谱图中大多数吸收峰的透射比处在 10% ~ 80%。

(1)气体试样

气态样品可在玻璃气槽内进行测定,气槽两端沾有红外透光的 NaCl 或 KBr 窗片。先将气槽抽真空,再将试样注入。

(2)液体试样

测定液体样品时,使用液体池,常用的为可拆卸池,即将样品直接滴于两块盐片之间,形成液体毛细薄膜(液膜法)进行测定,对于某些吸收很强的液体试样,需用溶剂配成浓度较低的溶液再滴入液体池中测定,选择溶剂时要注意溶剂对溶质有较大的溶解度,溶剂在较大波长范围内无吸收,不腐蚀液体池的盐片,对溶质不发生反应等,常用的溶剂为二硫化碳、四氯化碳、三氯甲烷、环己烷等。

(3)固体试样

固体样品的常用制片方法有压片法、糊状法和薄膜法等。

压片法:在红外灯照射的干燥条件下,将 1 ~ 2 mg 试样与 200 mg 纯 KBr 研细研匀(粒径小于 2 μm),置于模具中,用(5 ~ 10)×10⁷Pa 压力在压片机上压成透明薄片用于测定。

糊状法:将干燥处理后的试样研细,与液体石蜡或全氟代烃混合,调成糊状,夹在盐片中形成液膜进行测定。

薄膜法:将测定试样直接加入熔融或压制成膜,或将试样溶解在低沸点的易挥发溶剂中,涂在盐片上,待溶剂挥发后成膜进行测定。该方法主要用于高分子化合物的测定。

5.3.2　载样材料的选择

目前,中红外区(4 000 ~ 400 cm^{-1})应用最广泛,一般的光学材料为氯化钠(4 000 ~ 600 cm^{-1})、溴化钾(4 000 ~ 400 cm^{-1})。这种晶体易吸水,影响红外光的通过。因此,所用窗片应放在干燥器内,要在湿度较小的环境下操作。对含水样品的测试应采用 KRS-5 窗片(4 000 ~ 250 cm^{-1})、ZnSe(4 000 ~ 650 cm^{-1})和 CaF$_2$(4 000 ~ 1 000 cm^{-1})等材料。近红外区采用石英和玻璃材料,远红外区使用聚乙烯材料。

5.3.3　红外光谱法的应用

1)定性分析

(1)已知物的鉴定

将试样谱图与标准物的谱图进行对照,或与文献上的谱图进行对照,若各吸收峰的位置与形状完全相同,峰的相对强度一致,可认为试样与该标准物为同一物质。若两张谱图不一致,则说明两者为不同的化合物,或试样含有杂质。

(2)未知物结构的判定

确定未知物的结构式红外光谱法定性分析最重要的用途之一。若未知物不是新化合物,可利用标准谱图进行查对。谱图分析一般先从基团频率区的最强谱带开始,推测未知物可能含有的基团,判断不可能含有的基团。再从指纹区的谱带进一步验证,找出可能含有的基团的相关峰,用一组相关峰确认一个基团的存在。对于简单化合物,在确认几个基团后,便可初步确定分子结构,然后查对标准图谱核实。

2)定量分析

通过对特征吸收谱带强度的测量求得组分的含量。一般采用峰高法和峰面积法。由于红外光谱的谱带较多,能方便地对单一组分和多组分进行定量分析。此外,该法不受样品状态的限制,能定量测定气体、液体和固体样品。因此,红外光谱定量分析应用广泛。但由于红外光谱的测量灵敏度较低,不适用于微量组分的测定。

5.3.4　红外谱图解析

红外吸收区域划分如下:

(1)4 000 ~ 2 500 cm^{-1}

此区域称为 X—H 伸缩振动区,X 可以是 O,N,C 和 S 原子,它们出现的范围:O—H 3 650 ~ 3 200 cm^{-1},N—H 3 500 ~ 3 000 cm^{-1},C—H 3 100 ~ 2 800 cm^{-1},S—H 2 600 ~ 2 500 cm^{-1}。

(2)2 500 ~ 2 000 cm^{-1}

这个区域称为叁键和累积双键区,其中主要包括 —C≡C—,—C≡N— 等叁键的伸缩振动和累积双键—C =C =C—,—C =C =O,—N =C =O 等反对称伸缩振动,累积振动的对称伸缩振动出现在 1 100 cm^{-1}指纹区里。

(3)2 000 ~ 1 500 cm^{-1}

此区域称为双键伸缩振动区,其中主要包括 C $=$ C,C $=$ O,N $=$ C,—NO$_2$等的伸缩振动,以及—NH$_2$基的剪切振动、芳环的骨架振动等。

(4)1 500 ~ 600 cm^{-1}

部分单键振动及指纹区,本区域光谱较为复杂,包括 C—H,O—H 的变角振动,C—O,C—N,C—X(卤素),N—O 等的伸缩振动及与 C—C,C—O 有关的骨架振动等。

5.4 实验部分

实验 1 几种有机化合物的红外吸收光谱法

一、实验目的

①了解傅里叶变换红外光谱仪的基本构造及工作原理;

②掌握红外光谱分析的基础实验技术;

③学会用傅里叶变换红外光谱仪进行样品测试;

④掌握几种常用的红外光谱解析方法。

二、实验原理

不同波长的电磁辐射都具有相应的能量,在它与物质的相互作用中,如果其能量与物质的分子、原子或离子的低能态和高能态之间的能量差相同时,物质的分子、原子或离子便选择性地吸收电磁辐射的能量,同时从低能态跃迁到高能态。如果将透过某物质的电磁辐射用单色器将其色散,让它按波长顺序排列,并测量在不同波长处的辐射强度,就可得到该物质的吸收光谱。

根据红外光谱与分子结构的关系,谱图中每一个特征吸收谱带都对应于某化合物的质点或基团振动的形式。因此,特征吸收谱带的数目、位置、形状及强度取决于分子中各基团(化学键)的振动形式和所处的化学环境。只要掌握了各种基团的振动频率(基团频率)及其位移规律,即可利用基团振动频率与分子结构的关系,来确定吸收谱带的归属,确定分子中所含的基团或键,进而由其特征振动频率的位移、谱带强度和形状的改变,来推定分子结构。

三、仪器与试剂

1)仪器

傅里叶变换红外光谱仪(IR Prestige-21,日本岛津公司);溴化钾窗片;红外灯。

2)试剂与材料

乙醇、苯、硝基苯均为分析纯。

四、实验步骤

①打开除湿机,开启电源除湿。

②更换样品舱干燥剂。

③开启红外光谱仪主机电源。

④打开计算机,启动红外光谱工作站,初始化并等待仪器自检。

⑤设定当次实验分析参数。

⑥运行至少 4 次背景扫描。

⑦制备样品,测定。

⑧实验结束按以下步骤关机。

a. 根据需要,保存有用实验数据。

b. 关闭主机电源。

c. 清理样品舱。

d. 关闭计算机。

e. 打扫实验室。

f. 关闭总电源。

五、数据处理

(1)乙醇的红外光谱图解析

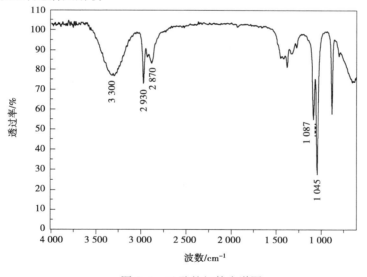

图 5-4　乙醇的红外光谱图

3 300 cm^{-1}:宽而强的谱带是多缔合体—OH 的伸缩振动吸收带。

3 000~2 800 cm^{-1}:谱带为甲基和亚甲基的反对称和对称伸缩振动吸收带相互重叠的结果。

1 090 cm^{-1} 和 1 050 cm^{-1}:两个强吸收分别为 C—C—O 的反对称和对称伸缩振动吸收带。

(2)苯的红外光谱图解析

3 030 cm^{-1} 附近:谱带为=C—H 伸缩振动吸收带。

1 450 cm^{-1}:谱带为苯环骨架振动吸收带。

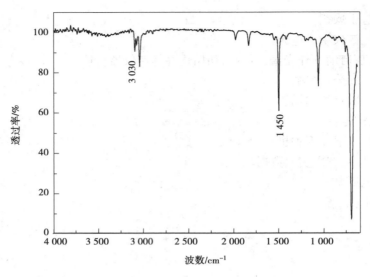

图 5-5 苯的红外光谱图

（3）硝基苯的红外光谱图解析

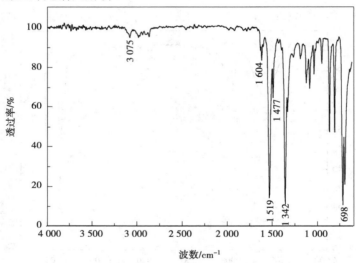

图 5-6 硝基苯的红外光谱图

3 075 cm^{-1}：谱带为═C—H 伸缩振动吸收带。

1 604cm^{-1}、1 477 cm^{-1}：谱带为苯环骨架振动吸收带。

1 519cm^{-1}：强谱带为 N ═O 的反对称伸缩振动吸收带。

1 342 cm^{-1}：强谱带为 N ═O 的对称伸缩振动吸收带。

698 cm^{-1}：环骨架变形振动。

六、思考题

①试分析醇类化合物在红外的特征峰及注意事项。

②比较分析苯与硝基苯的红外谱图，解析其结构差异。

实验 2　苯甲酸、乙酸乙酯的红外光谱测定

一、实验目的

①学习红外光谱法的基本原理及仪器构造；

②了解红外光谱法的应用范围；

③通过实验初步掌握各种物态的样品制备方法。

二、实验原理

红外光谱反映分子的振动情况。当用一定频率的红外光照射某物质时，若该物质的分子中某基团的振动频率与之相同，则该物质就能吸收此种红外光，使分子由振动基态跃迁到激发态。当用不同频率的红外光通过待测物质时，就会出现不同强弱的吸收现象。

由于不同化合物具有其特征的红外光谱，因此可以用红外光谱对物质进行结构分析。同时根据分光光度原理，若选定待测物质的某特征波数有吸收峰，也可以对物质进行定量分析。

三、仪器与实验

1）仪器

傅里叶变换红外光谱仪（IR Prestige-21，日本岛津公司）；油压式压片机；红外干燥灯。

2）试剂与材料

无水乙醇、乙酸乙酯、苯甲酸均为分析纯；光谱纯 KBr；玛瑙研钵；盐片。

3）样品

某未知物。

四、实验步骤

1）固体样品苯甲酸的红外光谱测定

取约 1 mg 苯甲酸样品于干净的玛瑙研钵中，加约 100 mg KBr 粉末，在红外灯下研磨成粒度约 2 μm 细粉后，移入压片膜中，将模子放在油压机上，在 16 MPa 的压力下维持 2 min，放气去压，取出模子进行脱模，可获得一片直径为 13 mm 的半透明盐片。将盐片装在样品池架上，即可进行红外光谱测定。

2）液体样品乙酸乙酯的红外光谱测定

在一块干净抛光的 NaCl 或 KBr 片上滴加一滴乙酸乙酯样品，压上另一块盐片，将其置于样品池架上，即可进行红外光谱测定。

3）未知物的红外光谱测定

根据提供的未知物，确定样品制备方法并测定其红外光谱。

五、数据处理

①对苯甲酸及乙酸乙酯的特征谱带进行归属。

②推测未知物可能的结构。

六、注意事项

①在红外灯下研磨固体样品,防止吸潮。

②盐片应保持干燥透明,每次测定前均应用无水乙醇及滑石粉抛光(红外灯下),切勿水洗。

七、思考题

①固体样品有哪几种制样方法? 它们各适用于哪一种情况?

②测试红外光谱时,分散剂一般常用 NaCl 和 KBr,它们适用的波数范围各为多少?

实验3 正丁醇-环己烷溶液中正丁醇含量的测定

一、实验目的

①掌握标准曲线法测定分析的技术;

②了解红外光谱法进行纯组分定量分析的全过程;

③学会不同浓度溶液的配置、样品含量的计算等技巧。

二、实验原理

红外定量分析的依据是比尔定律。但由于存在杂散光和散射光,糊状法制备的试样不适于做定量分析,即便是液池法和压片法,由于盐片的不平整、颗粒不均匀,也会造成吸光度同浓度之间的非线性关系而偏离比尔定律。所以,在定量分析中,吸光度值要用工作曲线的方法来获得。另外还需要采用基准线法求得试样的吸光度值,才能保证相对误差小于3%。

三、仪器与试剂

1)仪器

傅里叶变换红外光谱仪(IR Prestige-21,日本岛津公司);一对液体池;样品架。

2)试剂

正丁醇、环己烷均为分析纯。

3)样品

自配正丁醇-环己烷溶液。

四、实验步骤

①测定液体池的厚度,其中厚度较小的作为参比池,厚度较大的为样品池。

②工作曲线的测定:分别取标准溶液(其浓度为20%)1,2,3,4,5 mL 置于 10 mL 容量瓶中,用溶剂稀释至刻度,测定每一个样品的红外谱图。用仪器自带的定量分析软件绘制工作曲线。

③测定未知样品的谱图。

五、数据处理

软件自动读取相应的峰高值并计算未知样品的含量,最后输出结果报告。

六、注意事项

配置一系列不同浓度的样品,最高浓度和最低浓度的特征吸收峰的吸光度值应在 0 ~ 1.5。测定每一个样品都要清洗液体池,应确保其干净。否则,标准曲线的相关系数会很差,相关系数一般应大于 0.999 5。

七、思考题

①标准曲线的相关系数与哪些因素有关?

②如何简单测试仪器工作正常。

③液体与固体测定时,有什么不同?

④试样不出峰,为什么? 如何解决?

第 6 章
分子荧光光谱法

有些物质受到光照时,除吸收某种波长的光之外,还能发射出比原来吸收波长稍长的光;当光照停止,发射光随即消失,这种光称为荧光。通过测定分子所发射荧光的特性和强度,对物质进行定性定量分析的方法,称为荧光分析法。根据激发光波长的范围,荧光可分为 X 射线荧光、红外荧光和紫外可见荧光。根据产生荧光物质的状态不同,可分为分子荧光和原子荧光。本章主要介绍分子荧光光谱分析法。

分子荧光光谱分析法具有灵敏度高、选择性好、所需样品量少、操作简便等优点。随着科学技术的发展,特别是近十几年来,荧光现象在理论和实际应用上都有了巨大的进展,该方法在环境保护、卫生检验、临床、药物分析等领域广泛应用。例如,在食品药品分析中维生素以及苯并芘、黄曲霉素等成分分析多采用荧光分析法。

6.1 基本原理

6.1.1 荧光的产生

每种物质分子中都具有一系列能级,称为电子能级,而每个电子能级又包括一系列振动能级和转动能级。当物质受到光照射时,可能部分或全部吸收入射光的能量。在物质吸收入射光的过程中,光子的能量便传递给物质分子,于是发生电子从较低能级到较高能级的跃迁,所吸收的光子能量等于跃迁所涉及的两个能级间的能量差。当物质吸收紫外光或可见光时,这些光子的能量较高,足以引起物质分子中的电子发生能级间跃迁。处于这种激发状态的分子称为电子激发态分子。

电子激发态的多重态用 $2S+1$ 表示,S 为电子自旋量子数的代数和,其数值为 0 或 1,分子中同一轨道所占据的两个电子必须具有相反的自旋方向,即自旋配对。假如分子中全部轨道中的电子都是自旋配对的,即 $S=0$,则该分子体系便处于单重态,用符号 S 表示。大多数有机化合物分子的基态是处于单重态的。如果分子吸收能量后电子跃迁过程中不发生自旋方向的改变,这时分子便具有两个自旋不配对的电子,即 $S=1$,分子处于激发的三重态,用符号 T 表示。符号 S_0、S_1 和 S_2 分别表示分子的基态、第一和第二电子激发单重态;T_1 和 T_2 分别表示第一和第二电子激发三重态。

处于激发态的分子不稳定,通过振动弛豫(VR)和内转换(IC)过程失活到 S_1 态的最低振动能级,若再伴随着光子的发射返回 S_0 的各振动能级,即 $S_1 \rightarrow S_0$ 跃迁过程得到荧光,此过程发射光子的能量,对应于激发态 S_1 最低振动能级与基态 S_0 各振动能级之间的能量差。荧光过程的单重态-单重态跃迁中,受激发电子的自旋状态不发生变化。若处于激发态 S_1 的分子基于自旋-轨道耦合作用,通过系间跨跃(ISC)过程,由单重态的 S_1 转入三重态的 T_1,继而通过 VR 过程弛豫到 T_1 的最低振动能级,再通过光辐射过程回到 S_0 各振动能级,则得到磷光,如图 6-1 所示。

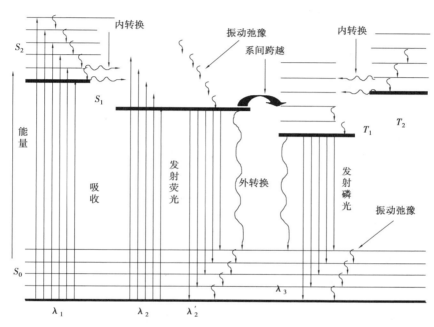

图 6-1　荧光和磷光能级图

6.1.2　荧光激发光谱和发射光谱

荧光是光致发光,因此必须根据它们的激发谱曲线选择合适的激发波长。如果固定荧光最大发射波长(λ_{em}),扫描得到的荧光强度与激发波长的关系曲线即为荧光激发光谱。由激发光谱确定最大激发波长(λ_{ex})。如果固定激发波长为其最大激发波长,扫描得到的荧光强度与发射波长的关系曲线即为荧光发射光谱。

6.1.3　荧光强度与浓度的关系

对于低浓度的溶液,一定的 λ_{em} 和 λ_{ex} 条件下,荧光强度正比于该体系吸收的激发光的强度,即

$$F = \Phi(I_0 - I)$$

式中　F——荧光强度;

　　　I_0——入射光的强度;

　　　I——通过厚度为 b 的介质后的光强度;

Φ——量子产率。

由比尔定律得

$$F = \Phi I_0 (1 - 10^{-\varepsilon b c})$$

式中　ε——荧光分子的摩尔吸光系数；

　　　b——液池的厚度；

　　　c——荧光物质的浓度。

当 $\varepsilon b c < 0.01$ 时,上式可近似写为

$$F = 2.303 \Phi I_0 \varepsilon b c$$

当 $\varepsilon b c < 0.05$ 时,在一定条件下,荧光强度与其浓度成正比,即

$$F = Kc$$

上式是荧光分析定量的基础。

6.1.4　荧光的影响因素

分子结构和化学环境是影响物质发射荧光和荧光强度的重要因素。强荧光物质分子结构通常具有大的共轭 π 键结构。共轭体系越大,离域 π 电子越容易激发,荧光(磷光)越容易产生,因此大部分荧光物质具有芳环或杂环,芳环越大,荧光峰越移向长波长方向,荧光强度也较强。饱和的或只有一个双键的化合物不呈现显著的荧光,最简单的杂环化合物(如吡啶、呋喃、噻吩等)不产生荧光。取代基的性质对荧光体的荧光特性和强度均有强烈的影响。芳环和杂环化合物的荧光光谱和荧光产率常随取代基变化。通常给电子取代基,如—NH_2、—NHR、—NR_2、—OH、—OR、—CN 等使荧光增强;吸电子取代基,如—COOH、—NO_2 和重氮基等使荧光减弱;重原子取代,一般指卤素(Cl、Br、I)取代,使荧光减弱。取代基的位置对芳烃荧光的影响通常为邻、对位取代使荧光增强,间位取代使荧光减弱。具有刚性的平面结构和具有最低的单线电子激发态 S_1 为 π、π^* 型的分子容易产生荧光。

大多数无机盐类金属离子不能产生荧光,而某些情况下,金属螯合物却能产生很强的荧光。

溶剂的性质、体系的 pH 值和温度都会影响荧光的强度。荧光分子和溶剂或其他溶质分子之间互相作用,使荧光强度减弱的现象称为荧光淬灭。引起荧光强度降低的物质称为淬灭剂。当荧光物质浓度过大时,会产生自淬灭现象。

6.2　仪器结构

一般荧光分光光度计与紫外分光光度计类似,有光源、单色器、样品池、检测器和信号显示系统。光学系统示意图如图 6-2 所示。

光源发出的光束经激发单色器色散,得到所需波长强度为 I_0 的单色光,照射到样品池上。荧光物质吸收光量子的能量被激发后,向四面八方发射荧光,为了消除入射光及杂散光的影响,荧光测量在与激发光成直角的方向。经过发射单色器色散,将所需的荧光与可能共存的其他干扰光分开,荧光照射于检测器上,荧光强度信号转化为电信号,并经放大器放大后,由记录仪记录或读出。

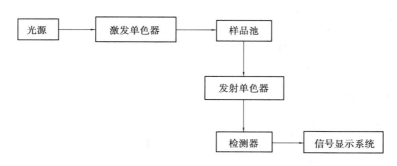

图 6-2　光学系统示意图

6.2.1　光源

要求光源发射强度大,光强稳定,波长范围宽(在紫外区和可见区内有连续光谱),多采用高压汞灯、高压氙弧灯和激光光源。高压氙弧灯是荧光分光光度计应用最广泛的一种光源,它是一种短弧气体放电灯,外套为石英,内充氙气,在 250 ~ 800 nm 光谱区呈连续光谱。高压汞灯发射的 365 nm、405 nm、436 nm 三条谱线在荧光分析中常用。高功率连续可调燃料激光光源是一种单色性好、强度大的新型光源,因脉冲激光的光照时间短,可避免被照物质分解。

6.2.2　单色器

荧光分光光度计中应用最多的是光栅单色器,光路中有激发和发射两个单色器。为了避免激发光导致的瑞利散射的影响,一般激发光路和发射光路以荧光池为中心互成直角。

6.2.3　样品池

荧光分光光度计一般使用四面透光的石英样品池。如果激发波长在可见光区,特殊情况下也可以用简易的塑料管代替,但需注意激发光散射的影响。

6.2.4　检测器

荧光的强度通常比较弱,因此要求检测器有较高的灵敏度。一般采用光电倍增管、二极管阵列检测器、电荷耦合装置以及光子计数器等。

6.2.5　信号显示系统

多采用计算机进行主机控制、信号的处理和输出。目前,新出厂的部分荧光分光光度计已附有光谱校正软件。如仪器未自带光谱校正软件,需使用已知真实荧光光谱的标准寄样品进行测定并加以校正。

6.3　实验技术

常规的荧光分析技术主要是直接或间接对无机化合物、有机化合物等进行定性和定量分析,因其高灵敏度和选择性,得到了较为广泛的应用。然而,在实际情况中由于分析物质的复杂性、所处环境的多样性等,常规的荧光分析法受到了极大限制。许多新型的荧光技术,例如同步荧光分析、偏振荧光分析、三维荧光分析、时间分辨荧光分析、低温荧光分析、单分子荧光分析、荧光免疫分析等,得到了迅速发展,在特定的领域显示出了更高的灵敏度和更强大的功能。下面选择几种进行简单介绍。

6.3.1　荧光偏振技术

任何物质都处于不断运动中,液体环境中的荧光分子也不例外。因此,当受到偏振光激发时,荧光分子的运动状态(如旋转或翻转)、荧光分子与其他因子相互作用(如相互结合或排斥)、其所处环境的性质(如溶液的黏度、温度等因素)都可能对荧光分子受激发后发出的偏振光的性质产生影响。对此进行分析比较,就可能揭开物质活动的内在规律,达到研究目的。荧光体的荧光偏振与荧光各向异性值的测定,能够提供与荧光体在激发态寿命期间动力学的相关信息,因此荧光偏振技术被广泛应用于研究分子间的作用,例如蛋白质与核酸、抗原与抗体、蛋白质与多肽的结合作用等。

荧光偏振技术比研究蛋白质与核酸结合的传统方法具有更多优势(特别是不生成有害的放射性废物),并且检测限更低,可达到亚纳摩尔级范围。此外,荧光偏振是真正均相的,允许实时监测(动力学监测),对浓度变化不敏感,是均相检测形式的最佳解决方案。荧光偏振的测量示意图如图 6-3 所示。

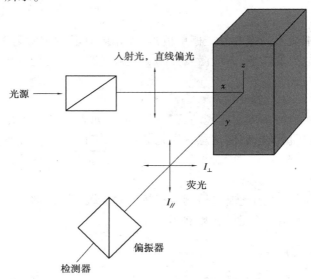

图 6-3　荧光偏振的测量示意图

6.3.2　时间分辨技术

由于不同分子的荧光寿命不同,可在激发与检测之间延缓一段时间,使具有不同荧光寿命的物质得以分别检测,即时间分辨荧光分析。采用带时间延迟设备的脉冲光源和带有门控时间电路的检测器件,可以在固定延迟时间后和门控宽度内得到时间分辨荧光光谱。选择合适的延迟时间,可以把待测组分的荧光和其他组分或杂质的荧光以及仪器的噪声分开不受干扰。采用激光光源可以获得皮秒(ps)级的脉冲宽度,可用于测定大多数荧光物质的寿命,有助于生物大分子和基团作用的研究。该技术与荧光免疫分析结合形成了时间分辨荧光免疫分析法。

6.3.3　同步扫描技术

根据激发和发射单色器在扫描过程中彼此间所保持的关系,同步扫描技术可分为固定波长差、固定能量角和可变角(可变波长)同步扫描。

同步荧光分析由劳埃德首先提出,它与常用荧光测定最大的区别是同时扫描激发和发射两个单色器波长,由测得的荧光强度信号与对应的激发波长(或发射波长)构成光谱图,即同步荧光光谱。按光谱扫描方式的不同,同步荧光分析可以分为恒(固定)波长法、恒能量法、可变角法和恒基体法。同步荧光分析具有光谱简单,谱带窄、分辨率高、光谱重叠少等优点,可提高选择性,减少散射光等的影响,非常适合多组分混合物的分析,在环境、药物、临床、化工等领域应用广泛。

6.3.4　三维光谱

三维荧光光谱是近几十年发展起来的一种新荧光技术。普通荧光分析所得的光谱是二维谱图,包括固定激发波长而扫描发射波长所获得的发射光谱和固定发射波长而扫描激发波长所获得的激发光谱。但是,实际上荧光强度应该是激发和发射这两个波长变量的函数。描述荧光强度同时随激发和发射波长变化的关系谱图,就是三维荧光光谱。它可以提供比常规荧光光谱和同步荧光光谱更为完整的光谱信息,是很有价值的光谱指纹技术。在一个多组分体系的三维荧光光谱中,每种组分有独立吸收和发射的特定光谱区,可以通过一次扫描便有可能检测体系中的全部组分。

三维荧光光谱可以作为光谱指纹技术在环境监测(溶解有机质的分布等)、临床化学(根据癌细胞荧光代谢产物的检测,区分癌细胞与非癌细胞等)以及细菌鉴别等领域应用,也可用于光化学反应监测、多组分混合物的定性和定量分析等。

6.3.5　荧光免疫分析

免疫分析是基于蛋白抗原和抗体之间,或者小分子半抗原与抗体之间的特异反应的分析方法,是生物分析化学的重要内容之一。其中,用荧光物质作为标记的免疫分析即为荧光免疫分析。作为荧光标记物,应具有高荧光强度,其发射的荧光与背景荧光有明显区别;它与抗原或抗体的结合不破坏其免疫活性,标记过程要简单、快速;水溶性好;所形成的免疫复合物耐储存。常用的荧光物质有荧光素、异硫氰酸荧光素、四乙基罗丹明、四甲基异硫氰基荧光素等。荧光免疫分析主要应用于生物医学领域,并向着超高灵敏度和操作自动化的方向发展。

6.4　实验部分

实验 1　荧光光度法测定维生素 B_2 的含量

一、实验目的
①学习荧光光度法测定基本原理;
②掌握标准曲线法定量分析维生素 B_2 的基本原理;

③了解荧光分光光度计的基本原理、结构及性能,掌握其基本操作。

二、实验原理

当紫外线照射到某些物质的时候,这些物质会发射出各种颜色和不同强度的可见光,而当紫外线停止照射时,所发射的光线也随之很快地消失,这种光线被称为荧光。由于不同的物质其组成与结构不同,所吸收光的波长和发射光的波长也不同,利用这个特性可以进行物质的定性鉴别。如果该物质的浓度不同,它所发射的荧光强度就不同,测量物质的荧光强度可对其进行定量测定。荧光分析法就是利用物质的荧光特征和强度,对物质进行定性和定量分析的方法。

任何荧光物质,都具有两种特征光谱,即激发光谱和荧光发射光谱。

激发光谱:保持荧光发射波长不变(即固定发射单色器),依次改变激发光波长(即调节激发单色器),测定不同波长的激发光激发下得到的荧光强度 F(即激发波长扫描)。然后以激发光波长为横坐标,以荧光强度 F 为纵坐标作图,就可得到该荧光物质的激发光谱。激发光谱上荧光强度最大值所对应的波长就是最大激发波长,是激发荧光最灵敏的波长。物质的激发光谱与它的吸收光谱相似,所不同的是纵坐标。

荧光发射光谱:保持激发波长不变(即固定激发单色器),依次改变荧光发射波长,测定样品在不同波长处发射的荧光强度 F。以发射波长为横坐标,以荧光强度 F 为纵坐标作图,得到荧光发射光谱。荧光发射光谱上荧光强度最大值所对应的波长就是最大发射波长。

维生素 B_2,又叫核黄素,是橘黄色无臭的针状结晶,分子结构如图6-4所示。维生素 B_2 易溶于水而不溶于乙醚等有机溶剂。在中性或酸性溶液中稳定,光照易分解,对热稳定。

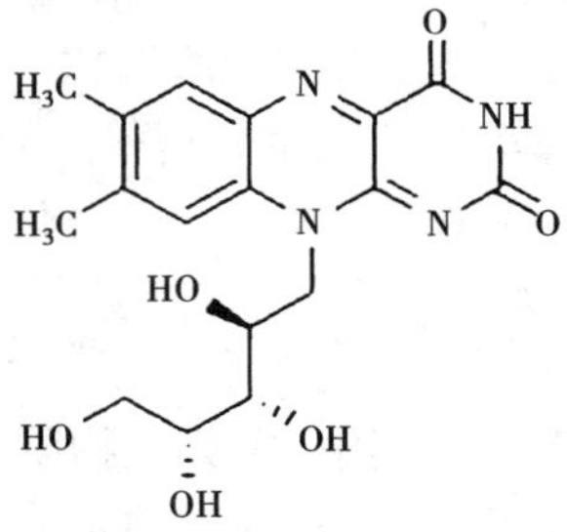

图6-4　维生素 B_2 的分子结构

维生素 B_2 水溶液在 430 ~ 440 nm 蓝光或紫外光照射下会发生绿色荧光,荧光峰在 535 nm,pH = 6 ~ 7 的溶液中荧光强度最大,pH = 11 的碱性溶液中荧光消失。由于维生素 B_2 在碱性溶液中经光线照射,会发生光分解而转化为光黄素,后者的荧光比核黄素的荧光强得多。因此,测量维生素 B_2 的荧光时,溶液要控制在酸性范围内,且须在避光条件下进行。

在稀溶液中,荧光强度 F 与物质的浓度 c 有以下关系

$$F = 2.303\Phi I_0 \varepsilon bc$$

当实验条件一定时,荧光强度与荧光物质的浓度呈线性关系

$$F = Kc$$

三、仪器与试剂

1)仪器

荧光分光光度计(Lumina,美国热电公司);分析天平。

2）试剂与材料

维生素 B_2 标准品；冰乙酸为分析纯；50 mL 棕色比色管与 50 mL 六孔比色管架；1 cm 四面透光石英比色皿；实验用水均为去离子水。

3）样品

维生素 B_2 药片（每片含主要成分维生素 B_2 约 5 mg，辅料为淀粉、糊精、硬脂酸镁）。

四、实验步骤

1）溶液配制

（1）10 $\mu g/mL$ 维生素 B_2 标准溶液

准确称取 1.0 mg 维生素 B_2 标准品，用热蒸馏水溶解后，转入 100 mL 棕色容量瓶中，冷却后加蒸馏水至标线，摇匀，置于暗处保存。

（2）维生素 B_2 试样溶液

准确称取 1 片维生素 B_2 片，用热蒸馏水溶解后，转入 500 mL 棕色容量瓶中，冷却后加蒸馏水至标线，摇匀，待测。

2）激发光谱和荧光发射光谱的绘制

保持荧光发射波长不变（即固定发射单色器），依次改变激发波长（即调节激发单色器），测定不同波长的激发光激发下得到的荧光强度 F（即激发光波长扫描）。设置 $\lambda_{em} = 520$ nm 为发射波长，浓度最大的维生素 B_2 标准溶液，在 250 ~ 400 nm 范围内扫描，记录发射波长强度和激发波长的关系曲线，便得到激发光谱，记录最大激发波长，如图 6-5 所示，最大激发波长 $\lambda_{ex} = 371$ nm。

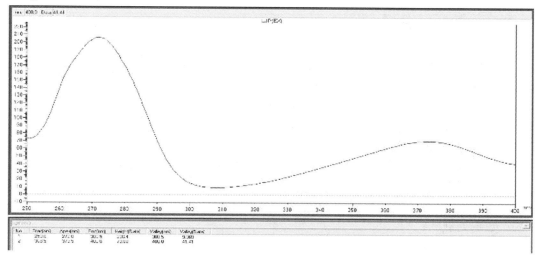

图 6-5　发射波长强度和激发波长的关系曲线

固定激发波长 λ_{ex} 为 371 nm，在 400 ~ 600 nm 范围内扫描，记录发射强度与发射波长间的函数关系，便得到荧光发射光谱，从荧光发射光谱上找出其最大的发射波长 λ_{em} 和荧光强度，如图 6-6 所示。

3）标准溶液及样品的荧光测定

将激发波长固定在 371 nm，荧光发射波长为 521 nm，测量上述系列标准溶液的荧光发射

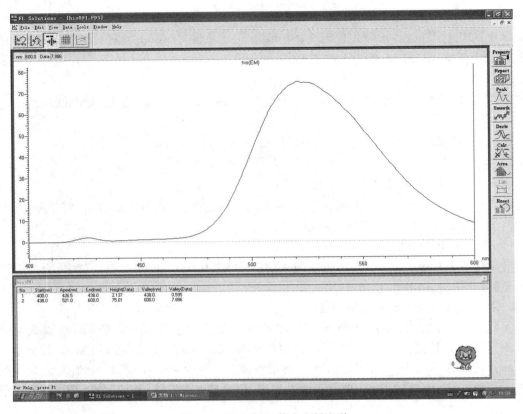

图 6-6　维生素 B_2 荧光发射光谱

强度,按浓度从低到高测定。

（1）标准曲线的绘制

于 6 只 50 mL 比色管中,分别加入 10 μg/mL 维生素 B_2 标准溶液 0.50,1.00,1.50,2.00,2.50,3.00 mL,再各加入冰乙酸 2.0 mL,加水至标线,摇匀。在荧光分光光度计上,用 1 cm 荧光比色皿于激发波长 440 nm,发射波长 540 nm 处,测量标准系列溶液的荧光强度,并以相对荧光强度为纵坐标,维生素 B_2 的质量为横坐标绘制标准曲线。

（2）维生素 B_2 样品浓度的测定

在同样条件下测定未知溶液的荧光强度,并由标准曲线确定未知试样中维生素 B_2 的浓度,平行测定三次。

五、数据处理

从标准曲线上查出待测试液中维生素 B_2 的质量,并计算出维生素 B_2 试样的浓度,数据记录于表 6-1 中。

表 6-1　标准溶液剂待测溶液的浓度和荧光强度记录

$c_{B_2标液}$ /(μg · mL^{-1})	0.2	0.4	0.6	0.8	1.0	样品
相对荧光强度						

六、注意事项

①使用石英样品池时,应手持其棱角处,不能接触光面,用毕后,将其清洗干净。

②光学器件和仪器运行环境需保护清洁,切勿将比色皿放在仪器上。清洁仪器外表时,请勿使用乙醇、乙醚等有机溶剂,请勿在工作中清洁,不使用时请加防尘罩。

七、思考题

①试解释荧光光度法较吸收光度法灵敏度高的原因。

②维生素 B_2 在 pH $=6 \sim 7$ 时最强,本实验为何在酸性溶液中测定?

实验 2　奎宁的荧光特性和含量测定

一、实验目的

①学习绘制奎宁的激发光谱和荧光光谱;

②了解溶液的 pH 值和卤化物对奎宁的荧光的影响及荧光法测定奎宁的含量;

③了解荧光分光光度计的结构、性能及操作。

二、实验原理

由于处于基态和激发态的振动能级几乎具有相同的间隔,分子和轨道的对称性都未改变,因此有机化合物的荧光光谱和激发光谱有镜像关系。

奎宁在稀酸溶液中是强荧光物质,它有 250 nm 和 350 nm 两个激发波长,荧光发射峰在 450 nm,在低浓度时,荧光强度与荧光物质浓度成正比。采用标准曲线法,将已知量的标准物质经过和试样相同的处理后,配制系列标准溶液,测定这些溶液的荧光后,以荧光强度对标准溶液浓度绘制标准曲线,再根据试样溶液的荧光强度,在标准曲线上求出试样中荧光物质的含量。

三、仪器与试剂

1)仪器

荧光分光光度计(Lumina,美国热电公司)。

2)试剂与材料

溴化钠、硫酸奎宁二水合物、H_2SO_4 均为分析纯;1 cm 四面透光石英比色皿;实验用水均为去离子水。

四、实验步骤

1)溶液配制

(1)100.0 μg/mL 奎宁储备液

称取 60.4 mg 硫酸奎宁二水合物,加 50 mL 1 mol/L H_2SO_4 溶解,并用去离子水定容至 500 mL,摇匀。

(2)10.00 μg/mL 硫酸奎宁标准使用液

吸取 100.0 μg/mL 奎宁储备液 10 mL,用去离子水定容至 100 mL,摇匀。

（3）系列奎宁标准溶液

取 6 个 25 mL 容量瓶，分别加入 0，1.00，2.00，3.00，4.00，5.00 mL 10.00 μg/mL 硫酸奎宁标准溶液，用 0.05 mol/L H_2SO_4 稀释至刻度，摇匀。

（4）0.05 mol/L 溴化钠溶液

0.514 g NaBr 溶于 100 mL 去离子水中，摇匀。

2）样品溶液配制

取 4～5 片药品，在研钵中研磨，准确称取约 0.1 g，用 0.05 mol/L H_2SO_4 溶解，转移至 1 000 mL 容量瓶中，用 0.05 mol/L H_2SO_4 稀释至刻度，摇匀。

3）测定

（1）绘制激发光谱和发射光谱

以 450 nm 为发射波长，在 200～400 nm 扫描激发光谱，确定最大激发波长。固定最大激发波长，在 400～600 nm 扫描荧光发射光谱。

（2）绘制标准曲线

固定最大激发波长和发射波长，测定奎宁系列标准溶液的荧光强度。

（3）未知样的测定

取上述溶液 2.00 mL 至 25 mL 容量瓶中，用 0.05 mol/L H_2SO_4 稀释至刻度，摇匀。与系列标准溶液同样条件，测量试样溶液的荧光强度。

4）卤化物猝灭奎宁荧光实验

分别取 2.00 mL 10.00 μg/mL 奎宁溶液于 5 个 25 mL 容量瓶中，分别加入 0.50，1.00，2.00，4.00，8.00 mL 0.05 mol/L NaBr 溶液，用 0.05 mol/L H_2SO_4 稀释至刻度，摇匀。在最大激发波长和发射波长处测定荧光强度。

五、数据处理

①以荧光强度对奎宁溶液浓度作图绘制标准曲线，并由标准曲线确定未知样品的浓度，计算未知样品中的奎宁含量。

②以荧光强度对溴离子浓度作图并解释结果。

六、注意事项

奎宁溶液必须每天配制并避光保存。

七、思考题

①为什么测量荧光必须和激发光的方向成直角？

②如何绘制激发光谱和荧光光谱？

③能否用 0.05 mol/L 盐酸来代替 0.05 mol/L H_2SO_4 稀释溶液？为什么？

实验 3　分子荧光法测定罗丹明 B 的含量

一、实验目的

①掌握荧光法测定罗丹明 B 的含量的基本原理；

②了解分子荧光分光光度计的基本构造和原理,并能简单操作。

二、实验原理

罗丹明 B 分子结构如图 6-7 所示,在水中是强的荧光物质,并且在低浓度时,荧光强度与罗丹明 B 浓度呈正比

$$F = Kc$$

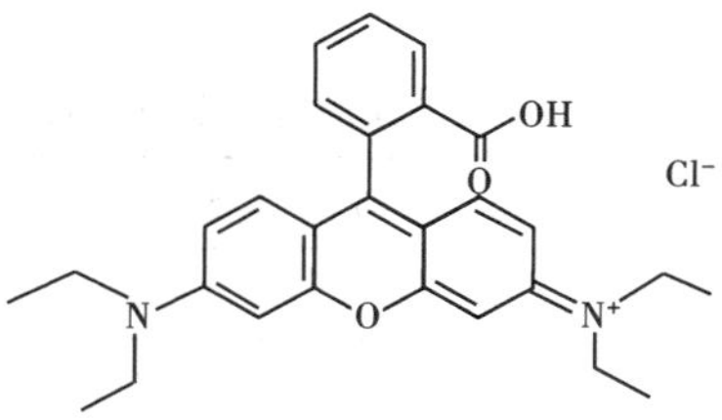

图 6-7　罗丹明 B 的分子结构

基于此,测定一系列已知浓度的罗丹明 B 的荧光强度,然后以荧光强度对罗丹明 B 浓度作标准曲线,再测定未知浓度罗丹明 B 的荧光强度,把它代入标准曲线方程求出其浓度。

三、仪器与试剂

1)仪器

荧光分光光度计(Lumina,美国热电公司)。

2)试剂与材料

罗丹明 B 为分析纯;1 cm 四面透光石英比色皿;实验用水均为去离子水。

3)样品

自配。

四、操作步骤

1)溶液的配制

(1)罗丹明 B 标准储备液

准确称取 1.000 0 g 罗丹明 B,用去离子水定容至 100 mL,摇匀,将此溶液稀释 100 倍,得 0.01 g/mL 的罗丹明 B 标准储备液。

(2)系列罗丹明 B 标准溶液

取 5 只 10 mL 的容量瓶分别加入 1×10^{-4} g/mL 的罗丹明 B 储备液 0,0.10,0.20,0.30, 0.40,0.50,0.60,0.70,0.80,0.90,1.00 mL,用水稀释至刻度,摇匀。

(3)未知试样

准确移取一定量 0.01 g/mL 的罗丹明 B 标准溶液于 100 mL 的容量瓶中,加蒸馏水稀释至刻度,配制成未知样品。

2)绘制激发光谱和发射光谱绘制发射光谱

在 300 ~ 600 nm 扫描激发光谱;在 400 ~ 700 nm 扫描荧光发射光谱。

3)绘制标准曲线

将激发波长固定在 556 nm,荧光发射波长固定在 573 nm 处,测定系列标准溶液的荧光发

射强度,绘制荧光强度 I_f 对罗丹明 B 溶液浓度 c 的标准曲线,并由标准曲线求算未知试样的浓度。

4)未知试样的测定

在标准系列溶液同样条件下,测定未知样品的荧光发射强度。

五、数据及处理

①原始数据见表 6-2。

表 6-2 罗丹明 B 浓度与荧光强度

$c/(10^{-4} \text{ μg} \cdot \text{mL}^{-1})$	0	1	2	3	4	5	6	7	8	9	未知试样
荧光强度											
扣除空白											

②标准曲线绘制与未知样品含量计算。

六、注意事项

①罗丹明 B 的浓度不要太高。

②实验结束后,检查仪器是否正常,关闭是否正确。

七、思考题

①为什么罗丹明 B 会发荧光?

②荧光分光光度计由哪些部件组成?

③如何绘制激发光谱和荧光光谱?

④哪些因素可能会对罗丹明 B 荧光产生影响?

第 7 章
电化学分析法

电化学分析法是以测量某一化学体系的电响应为基础建立起来的一类分析方法。它是通过测量电化学过程中的某些物理量,如电位、电流、电导和电量等,求得物质的含量或表征某些电化学性质。按电化学参数之间的关系,电化学分析可分为:电位分析法,包括直接电位法和电位滴定法;电导分析法,包括直接电导法和电导滴定法;电解分析法,包括电重量分析法、库仑分析法和库仑滴定法;伏安分析法,包括极谱法、伏安法、溶出伏安法和电流滴定法(永停滴定法)。

电化学方法的仪器较简单,测定速度快,不仅可以进行组分含量分析,还可以进行价态、形态分析以及用于研究电极过程动力学、氧化还原过程、催化过程、有机电极过程、吸附现象等。

电位分析法是以测量电池电动势为基础的分析方法,包括直接电位法和电位滴定法。在溶液中插入一支工作电极和一支参考电极,通过测定它们之间的电位差进行溶液中待测物质浓度的方法称为直接电位法;而利用在滴定过程中电位差的变化来确定滴定终点的方法称为电位滴定法。直接电位法较简单,常用于溶液 pH 值的测定以及一些阳离子或阴离子浓度的直接测定,但其准确度不高,需同时控制体系的离子强度及 pH 值;电位滴定法具有分析准确度高、适用范围广等优点,广泛用于酸碱滴定、氧化还原反应滴定、沉淀滴定及络合滴定等。特别是对于一些滴定突跃小、不能用指示剂准确指示终点的场合,或一些体系有色或浑浊、指示剂不适用的场合,以及对多组分进行连续、分别滴定的场合,用电位滴定法可获得理想的结果。

当直流电通过某种电解质溶液时,电极与溶液界面发生化学反应引起溶液中物质的分解,这种现象称为电解。电解分析法是将待测溶液置于电解装置中进行电解,使被测离子在电极上以金属或其他形式析出,根据电解引起的重量增加求算出待测组分含量的方法。这种方法的实质是重量分析法,因此这种电解分析法又称为电重量分析法。库仑分析法是在电重量分析法基础上发展起来的一种电解分析方法,它是通过测量待测物质在 100% 电流效率下电解所消耗的电量来进行定量分析的方法。按照实验所控制的参量不同,电解分析法可分为控制电位和控制电流两种方式。

极谱分析法是基于可还原物质或可氧化物质在特殊的电解池中所获得的电流电压曲线进行物质的定量或定性分析方法。各种极谱技术,如示波极谱法、脉冲极谱法以及极谱催化波技术的出现,使得极谱分析法成为常用的仪器分析方法。它具有快速、灵敏、准确、设备简单等优点,已广泛用于矿物、冶金、超纯材料、环境分析等领域。

伏安法和极谱分析法都是通过电解过程中所得的电流-电压或电位-时间曲线进行分析的方法,它们的区别在于伏安法使用的极化电极是固体电极或表面不能自动更新的液体电极,而极谱分析法使用的是表面能够周期性更新的滴汞电极。

7.1 基本原理

7.1.1 电位分析法的原理

电位分析法的基本原理是利用电极电位与溶液中某组分(或某些组分)浓度的相关性进行定量分析的方法。电极电位是通过测定置于溶液中的工作电极和参比电极之间的电位差获得的。工作电极是指其电极电位随待测对象浓度变化的电极,而参考电极则是在测定过程中电位保持恒定的电极。

电位分析法主要由两种方式进行,即直接电位法与电位滴定法。直接电位法的应用包括用玻璃电极测定溶液的 pH 值、用离子选择性电极测定溶液中离子浓度以及某些场合用选择性传感电极进行物质浓度的在线监测。用直接电位法时,如在测定中保持溶液的离子强度始终不变,即在作工作曲线及测定样品时均保持溶液中相同的离子强度,这样活度系数的影响可并入常数项,电位与离子浓度对数呈线性关系,可直接测定样品中离子浓度。共存离子的存在对离子选择性电极的响应值有影响,因而使测量结果产生偏差,严重时甚至不能得出正确结果。溶液的 pH 值也影响电极的响应值,在直接电位测定时需要保持体系的 pH 值恒定。因此,在直接电位分析法中常常加入一种总离子强度调节缓冲液,其作用是保持溶液离子强度和 pH 值为定值,同时还可消除共存离子的干扰,从而获得准确可靠的测量结果。

电位滴定法是通过滴定过程中电极电位的变化来确定终点的滴定方法。电位滴定分析中测量电位的目的仅仅是通过在化学计量点处发生电位突变或曲线转折来判别滴定终点的位置,而不是通过测量电位来求物质的浓度。电位滴定法关心的是滴定终点附近的电位变化,而不是电位的绝对值。因为活度系数、液接电位以及某些不影响滴定反应的共存离子不干扰测定,所以其准确度优于直接电位法。电位滴定法配合各种指示电极可用于酸碱滴定、氧化还原滴定、络合滴定、沉淀滴定,并可用于无机、有机及生化物质的测定。

1)电极电位

IUPAC 规定任何电极的电位是该电极与标准氢电极构成的原电池所测得的电动势。电子通过外电路由标准氢电极流向该电极,该电极的电极电位定义为正值;电子通过外电路由该电极流向标准氢电极,电极电位定义为负值。在温度为 298.15 K,以水为溶剂,氧化态和还原态活度等于 1 时的电极电位称为标准电极电位。

2)Nernst 方程式

Nernst 方程式表示了电极电位与溶液中对应离子活度之间的关系,对于一个氧化还原体系

$$Ox + ze^- = Red$$

则有

$$\varphi = \varphi' + RT\ln\frac{\alpha_O}{\alpha_R}/zF$$

式中　φ'——标准电极电位；

　　　R——摩尔气体常数；

　　　T——热力学温度；

　　　F——法拉第(Faraday)常数；

　　　z——电极反应过程中转移的电子数；

　　　α_O，α_R——氧化态和还原态的活度。在 25 ℃时,上述方程式可写成

$$\varphi = \varphi' + 0.059\lg(\alpha_O/\alpha_R)/z$$

在实际工作中,常设法使标准溶液与被测溶液的离子强度相同,这时可以用浓度代替活度。

3)参比电极和工作电极

参比电极是用于测量其他电极电位的电极。参比电极应具备电位已知、恒定、重现、温度系数小、电流通过时极化电位及机械扰动的影响小等特性。常用参比电极有标准氢电极、甘汞电极和银/氯化银电极等。

标准氢电极是由一片表面涂有薄层铂黑的铂片浸在氢离子活度等于 1 mol/L 的水溶液中构成的。通入压力为 101 325 Pa 的氢气,让铂电极表面上不断有氢气泡通过。电极反应为

$$2H^+ + 2e^- = H_2(g)$$

人为规定在任何温度下,标准氢电极的电极电位为零。标准氢电极的电极电位虽然稳定,但在使用中需要氢气,因此不方便。

甘汞电极是由金属汞和其难溶盐氯化亚汞(Hg_2Cl_2,甘汞)以及氯化钾溶液组成的。其电极反应为

$$2Hg + 2Cl^- = Hg_2Cl_2 + 2e^-$$

它的电位取决于电极表面电极 Hg_2^{2+} 的活度。在 25 ℃时,它相对于标准氢电极的电位为 0.242 V(饱和 KCl 溶液)。饱和甘汞电极易于制备和维护,是最常用的一种参比电极。

Ag/AgCl 电极由涂有难溶氯化银的银丝浸入到含氯离子的电解质溶液中构成,其电极反应为

$$AgCl + e^- = Ag + Cl^-$$

电极电位由溶液中的氯离子活度所决定,氯离子活度为 1 时的电极电位称为 Ag/AgCl 电极的标准电位。在 25 ℃时,1 mol/L 的 KCl 溶液中 Ag/AgCl 电极的电极电位为 0.235 5 V。Ag/AgCl 参比电极结构牢固,使用方便,特别是在非水溶剂中使用比甘汞电极优越。

工作电极是一种能反映离子浓度、发生所需的电化学反应或响应激发信号的电极。电位分析中常用的工作电极有离子选择性电极、流动载体电极、金属基电极等。

离子选择性电极是一种电化学传感器,敏感膜是其主要组成部分,主要有玻璃电极和晶体膜电极。

（1）玻璃电极

玻璃电极是对氢离子活度有选择性响应的电极。它的构造见图 7-1（a），是由特殊玻璃制成的薄膜球，球内密封 0.1 mol/L HCl 为内参考溶液。插入表面有氯化银的银丝，构成 Ag/AgCl 内参考电极。pH 玻璃电极的玻璃膜由 SiO_2 和 Na_2O 以及 CaO 熔融制成。由于 Na_2O 的加入，Na^+ 取代了玻璃中一部分 Si（IV）的位置。由于 Na^+ 与 O^- 之间呈离子键性质，因此形成可以进行离子交换的点位

$$—Si—O^-—Na^+$$

当电极浸入水溶液中，玻璃外表面吸收水产生溶胀，溶胀层允许氢离子扩散进入玻璃的结构空隙并与 Na^+ 发生交换反应

$$—Si—O^-—Na^+ + H^- \longrightarrow —Si—O—H^+$$

当玻璃电极外膜与待测溶液接触时，由于溶胀层表面与溶液中的氢离子活度不同，氢离子便从活度大的相向活度小的相迁移。从而改变了溶胀层和溶液两相界面的电荷分布，产生外相界电位。玻璃电极内膜与内参考溶液同样也产生内相界电位。玻璃电极内部插有内参比电极，如 Ag/AgCl 电极，因此整个玻璃电极的电位应是内参比电极与膜电位之和

$$\varphi_{玻璃} = K_{内参} + \varphi_{膜}$$

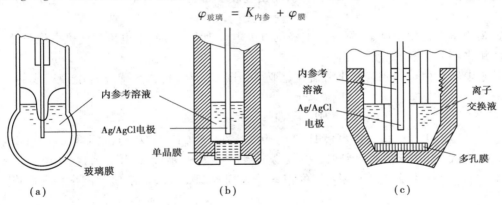

图 7-1　pH 玻璃电极（a）、固体膜电极（b）与液膜电极（c）

除氢离子在玻璃电极膜上有选择性响应外，当溶液中 Na^+，K^+ 等离子浓度很大时，也要产生响应值，这将对 pH 值测定产生干扰。如果改变玻璃膜的组成，例如，加入不同量的 Al_2O_3，可使电极对 Na^+，K^+，Ag^+ 等有选择性响应而成为钠电极、钾电极或银电极。但这些电极的电位仍然受溶液氢离子浓度的影响，使用中通常选择在高 pH 值并保持不变，因此可选择性地测定这些元素。

（2）晶体膜电极

难溶盐固体膜电极是应用最广泛的一种离子选择性电极，其结构如图 7-1（b）所示。传感膜一般是用单晶片或沉淀盐压成片制成。难溶盐固体膜电极又可分为单晶膜电极和多晶均相膜电极。

流动载体电极（液膜电极）的传感膜由有机液体物质组成，又可分为液体离子交换膜及中性载体电极。这些电极的传感膜物质与待测物质有选择性离子交换作用或形成稳定配合物的

作用。其结构如图 7-1(c)所示。

金属基电极分为以下几类:①第一类电极(活性金属电极),由金属和该金属的离子组成;②第二类电极(金属/难溶盐电极),由金属、该金属的难溶盐和该难溶盐的阴离子溶液组成;③第三类电极,由金属与两种有相同阴离子的难溶盐(或难离解的配合物),再与含有第二种难溶盐(或难离解的配合物)的阳离子组成的电极系统;④零类电极,由一种惰性金属与含有可溶性的氧化钛和还原态物质的溶液组成。

7.1.2　电解分析法的原理

各种不同的离子具有不同的还原电位,这是用电解法分离各种元素的基础。实际分解电压通常比理论计算的分解电压大,这一方面是因为电解质溶液有一定的电阻,电流通过时一部分电压用于克服整个电路中的电位降;另一方面,还有一部分电压用于克服极化现象产生的阳极反应和阴极反应的过电位。因此,电解时为使反应能顺利进行,对阴极反应而言,必须使阴极电位比其平衡电位更负;对阳极反应而言,则必须使阳极电位比其平衡电位更正。电解过程中,在电极上析出的物质的质量与通过电解池的电量之间的关系遵守法拉第定律

$$W = \frac{MQ}{nF}$$

式中　W——在电极上析出的物质的质量,g;

　　　M——分子的摩尔质量;

　　　n——电子转移数;

　　　F——法拉第常数,$1F = 96\ 487$ C;

　　　Q——电量,C。如果通过电解池的电流是恒定的,则

$$Q = It$$

因此,有

$$W = \frac{ItM}{nF}$$

如果电流不恒定,而随时间不断变化,则

$$Q = \int_{0}^{\infty} I\, dt$$

根据法拉第定律,可用重量法、气体体积法或其他方法测得电极上析出的物质质量,再求出通过电解池的电量;相反,测量通过电解池的重量,则可算出电极上析出的物质质量。

1)控制电位电解分析法

控制电位电解分析法中,最重要的是电解电位的选定,可用电流-电位曲线来提供基本的参考信息,如图 7-2 所示。图中 E_A、E_B 分别表示 A、B 的半波电位,将电位选择于 E_C 进行电解,可选择性地电解 A 而 B 不受干扰。但电解过程与溶液组成及电极材料、表面状态等有关。大表面积的汞电极被广泛用于控制阴极电位电解法,该法也称汞阴极电解分析法。

为获得良好的金属析出物,不仅要考虑阴极的干扰问题,还要考虑阳极的干扰问题。向溶液中加入"阳极去极化剂",可防止阳极干扰。其作用原理是,它能够在阳极上优先被氧化,使阳极电位控制在低于发生干扰反应的数值并保持稳定不变,而且其氧化产物也不干扰金属沉积。

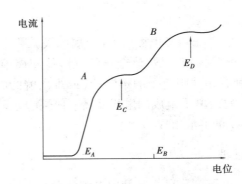

图 7-2　电流-电位曲线和控制电位电解电位的设定

2）库仑分析法

根据法拉第定律,发生电极反应的物质的量与通过电解池的电量成正比。在库仑分析中,只有当电流效率为 100% 时,即没有其他副反应或次级反应存在,通过电解池的电量才完全用于待测物质进行的电极反应,因而才能进行准确定量分析。

按照进行电解的方式不同,库仑分析法可分为控制电位库仑分析和恒电流库仑分析(库仑滴定)两种。控制电位库仑分析与上述控制阴极电位电解分析法类似,是使工作电极的电位保持恒定,使待测组分在该电极上发生定量的电解反应,当电解电流降至零时电解完成。用库仑计测定电解过程中所通过的电量,从而求得被测组分的含量。

恒电流库仑法也称为库仑滴定法,可用于各种类型的容量滴定。但与容量滴定的不同之处是作为化学标准的滴定剂不是由标准物质配制的,也不是由滴定管加入的,而是由恒定电流在试样内部电解产生的。因而库仑滴定是一种不需要标准物质的、以电子作滴定剂的容量分析。滴定时保持电解电流不变,选择适当的指示终点的方法,记录电解开始至终点的时间。

7.1.3　极谱和伏安分析法原理

自发明极谱分析方法以来,极谱技术有了很大的发展。在经典极谱法的基础上,逐渐发展了单扫描示波极谱、极谱催化波、循环伏安法、溶出伏安法等方法。

1）经典极谱法

极谱分析是一种在特殊条件下的电解形式,即体系在不加搅拌、工作电极处于高电流密度、高度浓差极化的条件下进行的电解(图 7-3)。它采用滴汞电极作工作电极,由于电极面积非常小,因而该电极上电流密度非常大。当滴汞电极上的电位由正向负扫描时,电极表面待测离子浓度迅速减小,直至变为零。这时虽然溶液本体中待测离子浓度不为零,但其从溶液本体中扩散至电极表面受扩散过程控制;电位再向负向增加,电流也不再增加,而达到一个恒定值,其大小由待测离子扩散的速度限制。只要待测离子一到达电极表面,它就立即被还原,因而阴极出现了浓差极化。此时电流到达一个极限值,称为极限扩散电流,其大小与待测离子浓度相关。经典极谱法中电压的扫描速度慢、汞消耗量大、分析灵敏度及相邻波的分辨率较低。在经典极谱法的基础上提出的单扫描示波极谱、微分脉冲极谱以及各种极谱催化波方法,提高了极谱分析的灵敏度和选择性,扩大了极谱方法的应用范围,使极谱法成为微量分析的有力工具。

2）单扫描示波极谱法

单扫描示波极谱由时间控制器控制每一滴汞的生长周期为 7 s。在 7 s 周期结束时仪器发

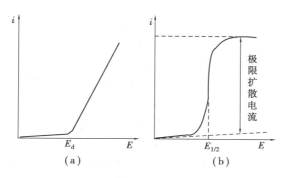

图 7-3　普通电解曲线(a)、(b)极谱极化曲线

出一敲击信号将汞滴击落,新的一滴汞又开始生长。这样可保证每次测定期间汞滴大小重现。由于汞滴生长周期的前 5 s 内汞滴的表面积变化相对较大,电容充放电电流变化也比较大。示波极谱在这前 5 s 期间电极上只加初始电位,在后 2 s 期间以约 250 mV/s 的速度快速扫描,这样电容电流可显著降低。同时每一滴汞生长周期内加一次扫描电压,在示波器上记录一次电流—电位曲线,因此称为单扫描示波极谱。示波极谱法相比经典极谱法有许多优点:两者极谱图形状不同,经典极谱为"S"形,而示波极谱呈峰形状,比经典极谱灵敏度高 4~6 倍。相邻峰分辨好,分析速度也快。

3)极谱催化波

在极谱电流中有一种电流,其大小不是取决于去极剂的扩散速度,而是取决于伴随电极过程的化学反应速度,这类极谱电流总称为极谱动力波。化学反应与电极反应平行的极谱波称为极谱催化波。

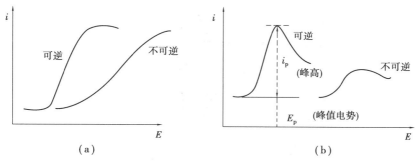

图 7-4　经典极谱与示波极谱曲线的比较

$$Ox + ne^- = Red(电极反应)$$

$$Red + Z = Ox(化学反应)$$

在上述反应中电活性物质 Ox 在电极上还原,生成还原性的 Red。这时溶液中事先加入过量的能与 Red 反应又生成 Ox 的另一种物质 Z,此再生的 Ox 在电极上又一次还原。这样循环往复,使电流大大增加,从而提高了测定的灵敏度。反应中 Ox 相当于一种催化剂,催化了 Z 的还原。催化电流与催化剂 Ox 的浓度成正比,且比单纯只是扩散电流时大许多倍,因此提高了测定的灵敏度。

4)循环伏安法

循环伏安法是用途最广泛的研究电活性物质的电化学分析方法,在电化学、无机化学、有机化学、生物化学等领域中得到了广泛的应用。电化学研究中常常首先进行的是循环伏安行为研究,因为它能在很宽的电位范围内迅速观察研究对象的氧化还原行为。循环伏安法是在工作电极上施加一个线性变化的循环电压来记录电流随电位的变化曲线,施加的电压为等边三角波或等边阶梯波,电位可向阳极方向扫描,也可向阴极方向扫描。典型的循环伏安图如图7-5所示,选择施加在 a 点的起始电位 E_i,然后沿负的电位即正向扫描,如箭头所指的方向。当电位负到将去极剂 Ox 还原时,d 点产生的阴极电流是由于如下的电极过程

$$Ox + e^- \rightarrow Red$$

阴极电流迅速增加($b \rightarrow d$)至电极表面 Ox 的浓度接近零,电流在 d 点达到最高峰,然后迅速衰减($d \rightarrow g$),因为电极附近溶液中的 Ox 电解转变为 Red 而耗尽。对于反向扫描,在 f 处扫描转向正的电位。该电位仍相当负,可以还原 Ox,所以尽管沿正的方向扫描但仍有阴极电流。当电位继续沿正的方向扫描时,在电极附近聚集的 Red 通过下面电极过程被氧化

$$Red \rightarrow Ox + e^-$$

产生阳极电流($i \rightarrow k$)。阳极电流迅速增加至 Red 的表面浓度接近零,电流达到峰值 j。然后由于电极附近溶液中 Red 耗尽,电流将衰减($j \rightarrow k$)。当电位达到 a 点的起始电位 E_i 时完成了第一个循环。

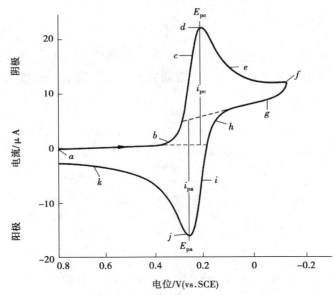

图 7-5　循环伏安图

循环伏安图的几个重要参数为:阳极峰电流值(i_{pa})、阴极峰电流值(i_{pc})、阳极峰电位值(E_{pa})、阴极峰电位值(E_{pc})。循环伏安法特别适用于研究电化学反应的可逆、反应动力学和反应中间体。若已知扩散系数,利用循环伏安法可求得电极反应的电子转移个数或已知电子转移个数、可测扩散系数。对于可逆反应,阴阳极峰电位差为 $57/n(mV)$,峰电位与扫描速度无关,而峰电流与扫描速度的平方根成正比。若峰电位大于 $57/n(mV)$,则该电极反应为可逆反应;若反扫时电流消失,则该反应为不可逆反应。

5)溶出伏安法

溶出伏安法是将电化学富集与测定方法有机地结合在一起的一种电化学方法。先将被测

物质通过阴极还原或阳极氧化富集在一个固定电极上,再由负向正电位方向或由正向负电位方向扫描溶出,根据溶出极化曲线来进行分析测定。阳极溶出伏安法的峰高与溶液中金属离子浓度、电解富集时间、电解时搅拌速度、电极表面的大小及溶出时电位扫描速度等因素有关。在所有其他条件固定不变时,峰高与溶液中金属离子浓度成正比,故可作定量分析。

溶出伏安法最大的优点是灵敏度非常高,阳极溶出法检出限可达 10^{-12} mol/L。溶出伏安法测定精度良好,灵敏度高,能同时进行多组分测定且不需要贵重仪器,是一种较为实用的分析方法。脉冲极谱法是目前伏安曲线极谱技术中灵敏度最高的一种方法,按脉冲电位的方式不同分为常规脉冲极谱法和微分脉冲极谱法两种。微分脉冲极谱是在每一汞滴增长到一定时间(如 1 s 或 2 s)时,在直流线性扫描电压上叠加一个 2 ~ 100 mV 的脉冲电压,脉冲持续时间为 4 ~ 80 ms,测定脉冲加入前后电解电流之差,使干扰的电容电流和毛细管噪声充分衰减。此法得到的极谱曲线呈现峰形,通过测量峰高度进行定量。若与阳极溶出法结合,称为微分脉冲阳极溶出法,可达到更高的灵敏度,可测至 10^{-11} ~ 10^{-12} mol/L。

7.2　仪器结构

7.2.1　电位分析仪器的结构与原理

1)直接电位法仪器

直接点位法常用 pH 计或离子计测定溶液的 pH 值或电位值。由于许多电极具有很高的电阻,因此,pH 计或离子计均需要很高的输入阻抗。目前,常用的离子计具有测量精度高、输入阻抗大等特点,并带有自动温度测定与补偿功能。

2)电位滴定法仪器

电位滴定法分手动滴定和自动滴定。手动滴定法所需仪器简单,为上述 pH 计或离子计,但操作不便。随着计算机技术与电子技术的发展,各种自动电位滴定仪也相继出现,使滴定更加准确、快速和方便。自动滴定仪有自动记录滴定曲线的方式和自动终点停止方式。自动记录滴定曲线的方式是将滴定过程中体系的 pH 值或电位值对所加的滴定剂体积变化的曲线自动记录下来,然后由电子学方法或计算机找出滴定终点,报告所消耗的滴定剂体积,使用方便,不用事先求得终点电位,但需高稳定性、高精确度的输液体系,以使滴定剂体积准确转变成电位或滴定时间信号。自动终点停止方式需事先求得滴定终点,将仪器终点电位先置于预定终点处,在滴定过程中,电位值达到预定值时滴定自动停止。

7.2.2　电解分析仪器的结构与原理

自动控制电位电解装置由恒电位电解装置、库仑测定仪和电解池三部分组成。

恒电位电解装置的功能是在电解过程中自动调节工作电极与对电极之间的电解电压而保持工作电极与参考电极之间的电位差为常数,并可在一定范围内设定。其结构有电机自动平衡式或全电子方式。电机自动平衡式恒电位电解装置的结构原理如图 7-6 所示,可用于控制电位电重量分析,也可进行控制电位库仑分析,用于后者时需附带库仑测定装置。

库仑仪是在电解时测定电量的仪器。测定方法主要包括:①电流时间曲线作图法;②利用

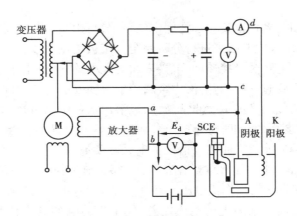

图 7-6　恒电位电解装置的原理图

模数转换电路的完全电子式库仑计。

7.2.3　极谱和伏安分析的仪器结构与原理

1）电极

用于极谱和伏安法的工作电极种类很多,大致可分为汞电极和非汞电极两类。由于汞电极对氢离子具有很高的超电位,又能与很多金属生成汞齐而降低金属的析出电位,因此得到广泛应用。

（1）滴汞电极

滴汞电极是用毛细管中不断滴出的汞滴作为工作电极。滴汞电极的特点是电极的面积很小,电解时电流密度很大,易于产生浓差极化,而且电极表面能够不断更新。由于滴汞的表面在不断更新,可保持电极的洁净,故分析结果的重现性很高。

（2）悬汞电极

在实验室中常使用的悬汞电极有机械挤压式和挂汞式两种。悬汞电极的优点是容易制备,重现性好,可用的电位范围广（在酸性介质中为 + 0.25 ～ - 1.80 V,在碱性介质中为 + 0.25 ～ - 2.3 V）。缺点是电极面积与体积的比率较低,在较快的搅拌速度下汞滴容易脱落或变形,因此电沉积的效率较低。另外,悬汞电极在电沉积时溶解在汞中的金属从汞滴表面向汞滴内部扩散,溶出时需要较长时间往外扩散,使溶出峰形加宽,降低了分辨能力。

（3）汞膜电极

在固体电极如玻碳、银或铂电极表面镀上一层薄的汞膜,即为汞膜电极,使用较为普遍的为玻碳汞膜电极。汞膜电极既具有汞电极的特性,又具有较高的面积与体积的比率,克服了悬汞电极的缺点。由于汞膜很薄,电极面积大,可使用较快的搅拌速度,因此电沉积效率高,电解富集和溶出时金属向汞膜深处的扩散和溶出时的扩散路程极短。又由于与同样电极面积的悬汞电极比较,在相同的电解富集时间内,汞膜中金属浓度高得多,因而汞膜电极上的溶出峰高而尖,分辨能力强。汞膜电极的缺点是重现性较差,溶解的金属易于达到饱和,形成金属间化合物,出现相互干扰。

常用的固体电极有金、银、铂、铋、碳、玻碳等。所有非汞电极都有一个共同的缺点,即电极面积和电沉积金属活度可能发生连续变化,尤其是某些金属发生共沉淀时,常使溶出峰降低、升高或分裂。为获得重现性的结果,固体电极的表面处理,如清洗、抛光和预极化等都是非常重要的。

2）三电极系统

电位仪既可控制电极上的电位，又可测量流过电极的电流，这是伏安法的基础。图 7-7 给出了三电极系统电位仪的工作线路图，它包括工作电极、参比电极和对电极。若工作电极是阴极，则对电极就为阳极。工作电极和参比电极间的电位差可通过电位仪测得。由于参比电极的电位恒定不变，又基本无电流流过，因此，工作电极上的电位不会受工作电极与对电极间的影响，这就使在高阻非水介质中及极稀水溶液中进行伏安研究成为可能，对波形也不会有明显的影响。

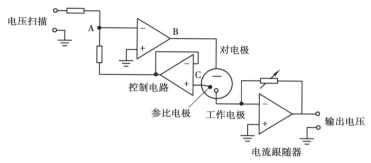

图 7-7　三电极系统恒电位仪的工作线路示意图

经典极谱法的装置如图 7-8 所示。它的扫描速度一般较慢，为 200 mV/min，记录的是汞滴上的平均电流值。

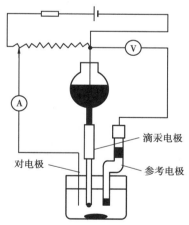

图 7-8　极谱分析装置示意图

单扫描示波极谱法在汞滴下落的 7 s 周期的后 2 s 由扫描发生器产生一随时间线性增加的电位加于电极上。同时，此扫描电位经水平放大器送至示波管作为光点的水平偏转信号，即极谱波的电位坐标。另一方面，电极上产生的极化电流。经测量电阻变为电位信号，经极化电流放大器与垂直放大器加至示波管作为光点的垂直偏转信号，即极谱波的电流坐标。这样在每一滴汞下落期间就得到一幅单扫描示波极谱图。仪器还设置同步控制器以控制汞滴的下落周期与扫描发生器同步，以及各种补偿电路以改善前放电物质电流、电容电流等的影响。此外，仪器还设有一阶导数、二阶导数极谱功能，进行极谱曲线的自动记录和数据处理。其原理如图 7-9 所示。

目前使用的通常是计算机控制的电化学工作站,除具有上述功能外,还具有微分脉冲极谱、阳极溶出伏安法等功能,并配有滴汞电极和计算机控制与数据处理的软件。

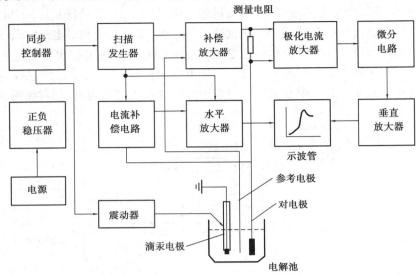

图 7-9 示波极谱仪的原理图

7.3 实验技术

7.3.1 电位分析实验技术

直接电位分析法可用标准曲线法和标准加入法。标准曲线法是在同样的条件下由标准物质配制一系列不同浓度的标准溶液,由其浓度的对数与电位值作图求得校准曲线,再在相同条件下测定试样溶液的电位值,由校准曲线上读取试样中待测离子含量。校准曲线法的缺点是当试样组成复杂时,难以保证其组成与校准曲线的条件完全一致,因而有时需要由加入回收实验对方法的准确性加以验证。标准加入法是将一定体积和浓度的标准溶液加入已知体积的试样中,根据加入前后电位变化计算试液中待测离子浓度。标准加入法的优点是标准溶液和待测溶液中的被测离子是在非常接近的条件下测定的,因而测定结果更加可靠。利用惰性金属如铂电极作指示电极,用饱和甘汞电极作参考电极,可指示体系滴定过程中的氧化还原电极电位的变化。在化学计量点附近产生电位突跃而指示到达终点。

7.3.2 电解分析实验技术

库仑滴定中电解电流是恒定的,只要准确测定滴定开始至终点所需要的时间,就可准确测定被滴定物的量。准确地指示滴定终点是非常重要的,指示终点的方法有化学指示剂法、电位法、双铂电极法等。双铂电极法又称永停法,其在碘库仑滴定法中指示终点的原理为:在两铂片电极之间加 10~200 mV 的小电压,在滴定终点之前,电解产生的 I_2 全部与 AsO_3^{3-} 反应,溶液中仅有极少量 I_2 存在,而 AsO_3^{3-} 和 AsO_4^{4-} 大量存在。因而溶液电极电位主要由电对 $AsO_3^{3-}/$

AsO_4^{3-} 确定,但 $AsO_3^{3+} + 2e^- \Longrightarrow AsO_3^{3-}$ 电对为不可逆电对,两个电极间加小电压不能产生电流。相反,电对 $I_2 + 2e^- \Longrightarrow 2I^-$ 为可逆电对,当滴定到达终点时,一旦溶液中有略过量的 I_2 出现,立即在电路中产生电解电流。因此,一旦指示电路中出现电流,表明终点到达。

7.3.3　极谱和伏安分析实验技术

1)悬汞电极和汞膜电极制备

悬汞电极使用方便,在商品的滴汞电极的汞流路上装有电磁阀,可自动产生大、中、小三种不同体积的悬汞滴。使用挤压式悬汞电极时,旋转千分尺推动顶针挤压储汞器中的汞,使汞从与储汞器相连的毛细管流出形成汞滴,汞滴的大小由千分尺旋转的刻度控制。

在固体电极如玻碳、银或铂电极表面镀上一层薄的汞膜,即为汞膜电极。使用较为普遍的为玻碳汞膜电极。在绝缘管的一端封接一玻碳薄片,另一端接出导线。先将其表面在稀的汞盐溶液中电解镀上一层汞膜,然后插入试液中使用,或者在试液中加入少量汞盐,在电解富集过程中与被测物同时在玻碳上析出形成汞膜和汞齐(同位镀汞)。汞膜的厚度可由溶液中汞盐浓度和电解时间来控制。

2)固体电极表面处理

固体电极处理的第一步是进行机械研磨、抛光至镜面程度。通常用于抛光电极的材料有金刚砂、CeO_2、ZrO、MgO 和 $\alpha\text{-}Al_2O_3$ 粉及抛光液。固体电极经抛光后接着进行化学的或电化学的处理,尤其电化学处理,是最常用的清洁、活化电极表面的手段。电化学处理常用强酸或中性电解质溶液,有时也用具有弱的络合性的缓冲溶液在恒电位、恒电流或循环电位扫描下极化,根据扫描电位终止的电位不同,可获得氧化的、还原的或干净的电极表面。电化学处理方法还能在试液中直接进行电极处理,方法简单易行。

3)除氧

电解液中溶解的微量 O_2 在室温下可达 8 mg/L。在极谱分析时,O_2 也在汞电极上还原,产生两个极谱波

第一个波:$O_2 + 2H^+ + 2e^- \Longrightarrow H_2O_2$

第二个波:$H_2O_2 + 2H^+ + 2e^- \Longrightarrow 2H_2O$

第一个氧波的半波电位约为 -0.2 V,第二个氧波的半波电位约为 -0.8 V,均为不可逆的宽带波,干扰测定。因此电化学实验前试液必须除氧,方法是向溶液中通高纯氮 $1 \sim 2$ min。精确测量时,为了不影响试液的浓度,氮气要用溶剂蒸气进行预饱和。测试过程中停止通氮气,但试液要保持在氮气氛围中。

在中性或碱性溶液中也可通过加亚硫酸钠除氧,使氧与之反应生成 SO_4^{2-}

$$2SO_3^{2-} + O_2 \Longrightarrow 2SO_4^{2-}$$

4)超痕量分析的试剂纯化

在极谱和伏安分析时,降低或消除杂质的影响是获得高准确度结果的重要条件。要消除残余电流需选用高纯度水及试剂作底液,如仍不满足,通过控制电位汞阴极电解法可除去底液中存在的可还原杂质,浓度可低至 0.1 μg/L 以下。汞的纯度也影响残余电流,特别是阳极溶出分析。汞可用洗涤法或蒸馏法提纯。但汞是易挥发的有毒物质,蒸馏汞时应在密封容器中操作,并在通风良好的场所进行。

5）极谱极大的消除

极谱极大是极谱分析中常见的一种现象。电解开始时,电流随电压的增加迅速增加,达到一个极大值,然后再下降至扩散电流的数值。这种在扩散电流之前出现的峰值电流比扩散电流大许多,干扰极谱的正常分析,称为"极谱极大"现象。这是因为在极谱过程中,汞滴上部由于被毛细管末端所遮蔽,可还原离子不易接近汞表面,因此电流密度较小;而汞滴下部可还原离子可以无阻碍接近汞滴,因而电流密度较大。电流密度不均匀,导致滴汞表面附近的表面张力不一样,从而导致汞滴表面溶液的切向运动,可还原离子便因搅动而更快地达到电极表面,使极谱波产生极大现象。向溶液中加入微量的表面活性物质,例如,用量不超过溶液的 0.1% 的动物胶、Triton X-100、甲基红等,便可消除极谱极大现象。

7.4　实验部分

实验1　水样的 pH 值测定

一、实验目的

①学习酸度计的使用方法;

②了解电位法测定水的 pH 值的原理和方法。

二、实验原理

在日常生活和工农业生产中,所用水的质量都有一定标准。在进行水质检验中,水的 pH 值是重要检验项目之一,如生活饮用水 pH 值要求为 6.5 ~ 8.5。低压锅炉水要求 pH 值为 10 ~ 12。电子工业、实验试剂配制则需要中性的高纯水。

现在测量水的 pH 值比较精确的方法是电位法,该法是将玻璃电极(指示电极)、饱和甘汞电极(参比电极)与待测试液组成原电池,用酸度计(一种精密电位差计)测量其电势。原电池用下式表示

Ag|AgCl(s)|HCl(0.1 mol/L)|玻璃膜|试液溶液(x mol/L)||KCl(饱和)|Hg$_2$Cl$_2$(s)|Hg

　　　玻璃电极　　　　　　　　　　被测溶液　　　　　　　　甘汞电极

玻璃电极为负极,饱和甘汞电极为正极。在一定条件下,电池的电动势 E 与 pH 值为直线函数关系(推导过程从略)

$$E_{电池} = K' + \frac{2.303RT}{F}pH_{试}$$

由上式看出,求出 $E_{电池}$ 和 K,即可知道试液的 pH 值。$E_{电池}$ 可通过测量求得,而 K' 是由内外参比电极及难以计算的不对称电位和液接电位所决定的常数,很难求得。在实际测量时,选用和待测试液 pH 值相似的、已知 pH 值的标准缓冲溶液在 pH 计上进行校正(这个过程叫定位)。通过以上步骤,可在酸度计上直接读出试液的 pH 值。一支电极应使用两种不同 pH 值的标准 pH 缓冲溶液进行校正,两种缓冲溶液定位的 pH 值误差应在 0.05 之内。

三、仪器与试剂

1)仪器

pHS-2C 酸度计一台;E-201-C9 型复合 pH 电极一支(或 231 型玻璃电极和 232 型饱和甘汞电极各一支)。

2)试剂与材料

pH 值为 4.00、6.88、9.23 的缓冲试剂;实验用水均为去离子水。

3)样品

自来水、自选矿泉水。

四、实验步骤

1)标准缓冲溶液配制

将市售袋装缓冲试剂溶于去离子水中,25 ℃定容 250 mL,能稳定存放两个月,其 pH 值随温度不同稍有差异。

2)酸度计的校正

①接通电源,清洗并安装电极,调节零点。

②根据实验室温度,由表 7-1 所示的标准缓冲溶液的 pH,分别用不同 pH 的标准缓冲溶液对仪器进行定位。定位的 pH 值误差应在 0.05 之内。

表 7-1　不同标准缓冲溶液在不同温度下的 pH 值

温度 /℃	0	5	10	15	20	25	30	35	40	45	50
邻苯二甲酸氢钾 0.05 mol/L	4.00	4.00	4.00	4.00	4.00	4.01	4.02	4.02	4.04	4.05	4.06
磷酸二氢钾 0.025 mol/L 磷酸氢二钠 0.025 mol/L	6.98	6.95	6.92	6.90	6.88	6.86	6.85	6.84	6.84	6.84	6.84
硼砂 0.01 mol/L	9.46	9.40	9.33	9.28	9.23	9.18	9.14	9.10	9.07	9.04	9.01

3)测定

分别测定 4 个不同水样的 pH 值,先用水样将电极和烧杯冲洗 3 次以上,然后测量,由仪器刻度表上读出 pH 值,每个水样应重复测定三次。(注意:应根据水样的 pH 值,选择相应的标准 pH 缓冲溶液对仪器定位。)

测量完毕后,放开测量开关,关上电源开关,拔掉电源,清洗电极,玻璃电极应使用蒸馏水浸泡,饱和甘汞电极应带上相应的橡皮套,防止 KCl 流失。下次备用。

五、数据处理

①记录数据,填入表 7-2 中。

表 7-2　实验数据记录表

水样	水样 1			水样 2			水样 3			水样 4		
测定次数	1	2	3	1	2	3	1	2	3	1	2	3
pH 值												
平均 pH 值												

②计算水样的平均 pH 值。

六、思考题
①电位法测定水样的 pH 值的原理是什么？
②玻璃电极在使用前应如何处理？为什么？
③酸度计为什么要用已知 pH 值的标准缓冲溶液校正？校正时应注意哪些问题？
④何谓指示电极、参比电极？
⑤甘汞电极使用前应做哪几项检查？

实验 2　乙酸的电位滴定分析及其离解常数的测定

一、实验目的
①学习电位滴定的基本原理和操作技术；
②运用 pH-V 曲线和(ΔpH/ΔV)-V 曲线与二级微商法确定滴定终点；
③学习测定弱酸离解常数的方法。

二、基本原理
　　乙酸化学式 CH_3COOH(HAc)，为一弱酸，其 pKa = 4.74，当以标准碱溶液滴定乙酸试液时，在化学计量点附近可以观察到 pH 值的突跃。
　　以玻璃电极与饱和甘汞电极插入试液即组成如下的工作电池：
$Ag|AgCl(s)|HCl(0.1\ mol/L)|$玻璃膜$|$试液溶液$(x\ mol/L)||KCl($饱和$)|Hg_2Cl_2(s)|Hg$
　　　　玻璃电极　　　　　　　被测溶液　　　　　　　甘汞电极
　　该工作电池的电动势在酸度计上反映出来，并表示为滴定过程中的 pH 值，记录加入标准碱溶液的体积 V 和相应被滴定溶液的 pH 值，然后由 pH-V 曲线或(ΔpH/ΔV)-V 曲线求得终点时消耗的标准碱溶液的体积，也可用二级微商法，于(Δ^2pH/ΔV^2)$=0$ 处确定终点。根据标准碱溶液的浓度，消耗的体积和试液的体积，即可求得试液中乙酸的浓度或含量。
　　根据乙酸的离解平衡

$$HAc \Longleftrightarrow H^+ + Ac^-$$

其离解常数

$$K_a^\ominus(HAc) = \frac{c(H^+) \cdot c(Ac^-)}{c(HAc)}$$

当滴定分数为 50% 时，$c(Ac^-) = c(HAc)$，此时

$$K_a^\ominus(HAc) = c(H^+) \qquad 即 pK_a^\ominus = pH$$

因此在滴定分数为 50% 处的 pH 值，即为乙酸的 p$K_a^\ominus$ 值。

三、仪器与试剂
1）仪器
ZD-2 型自动电位滴定计（酸度计）；玻璃电极；甘汞电极；电动搅拌器。
2）试剂与材料
草酸（基准试剂）、氢氧化钠、无水冰乙酸（17 mol/L）均为分析纯；pH 值为 4.00 和 6.88 的

缓冲试剂;实验用水均为去离子水。

3)样品

乙酸溶液。

四、实验步骤

1)溶液配制

(1)草酸标准溶液(1.000 mol/L)

准确称取 9.004 g 基准草酸,溶于 100 mL 水中定容,混匀。

(2)氢氧化钠标准溶液 0.1 mol/L(浓度待标定)

称取 4.0g 氢氧化钠,溶于 1 000mL 水中,混匀。

(3)乙酸试液(浓度约 1 mol/L)

移取 5.8 mL 冰乙酸用水稀释至 100 mL,摇匀。

2)电极准备

按照 ZD-2 型自动电位滴定仪操作步骤调试仪器,将选择开关置于 pH 滴定挡。摘去饱和甘汞电极的橡皮帽,并检查内电极是否浸入饱和 KCl 溶液中,如未浸入,应补充饱和 KCl 溶液。在电极架上安装好玻璃电极和饱和甘汞电极,并使饱和甘汞电极稍低于玻璃电极,以防止烧杯底碰坏玻璃电极薄膜。

3)酸度计校正

将 pH = 4.00(20 ℃)的标准缓冲溶液置于 100 mL 小烧杯中,放入搅拌子,并使两支电极浸入标准缓冲溶液中,开动搅拌器,进行酸度计定位,再以 pH = 6.88(20 ℃)的标准缓冲溶液校核,所得读数与测量温度下的缓冲溶液的标准值 pH_s 之差应在 ±0.05 单位之内。

4)准备溶液

①准确吸取草酸标准溶液 10.00 mL,置于 100 mL 容量瓶中用水稀释至刻度,混合均匀。

②准确吸取稀释后的草酸标准溶液 5.00 mL,置于 100 mL 烧杯中,加水至约 30 mL,放入搅拌子。

③以待标定的 NaOH 溶液装入微量滴定管中,使液面在 0.00 mL 处。

5)电位滴定与 pH 值测定

①开动搅拌器,调节至适当的搅拌速度,进行粗测,即测量在加入 NaOH 溶液 0,1,2,…,8,9,10 mL 时的各点的 pH 值。初步判断发生 pH 值突跃时所需的 NaOH 体积范围(ΔV_{ex})。

②进行细测,即在化学计量点附近取较小的等体积增量,以增加测量点的密度,并在读取滴定管读数时,读准至小数点后第二位。如在粗测时 ΔV_{ex} 为 8 ~ 9 mL,则在细测时以 0.10 mL 为体积增量,测量加入 NaOH 溶液 8.00,8.10,8.20,…,8.90 和9.00 mL 各点的 pH 值。

③吸取乙酸试液 10.00 mL,置于 100 mL 容量瓶中,稀释至刻度,摇匀。吸取稀释后的乙酸溶液 10.00 mL,置于 100 mL 烧杯中,加水至约 30 mL。仿照标定 NaOH 时的粗测和细测步骤,对乙酸进行测定。

在细测时于 $\frac{1}{2}V_{ex}$ 处,也应适当增加测量点的密度,如 ΔV_{ex} 为 4 ~ 5 mL,可测量加入 2.00,2.10,…,2.40 和 2.50 mL NaOH 溶液时各点的 pH 值。

五、数据处理

1）NaOH 溶液浓度的标定

记录标定 NaOH 溶液时得到的数据,作 pH 对 NaOH 溶液体积的滴定曲线,并分别采用滴定曲线法和二次微商法确定滴定终点,计算 NaOH 溶液的浓度。

2）乙酸浓度及离解常数 K_0 的测定

同样记录以 NaOH 溶液滴定 HAc 时得到的数据,作 pH 对 NaOH 溶液体积的滴定曲线,用二次微商法确定滴定终点 V_{ep},计算原始试液中乙酸的浓度,以 g/L 表示。在 pH-V 曲线上,查出体积相当于 $\frac{1}{2}V_{ep}$ 时的 pH 值,即为乙酸的 $pK_a^{\ominus}$ 值。

六、思考题

① 如果本次实验只要求测定 HAc 含量,不要求测定 $pK_a^{\ominus}$ 值,实验中哪些步骤可以省略?

② 在标定 NaOH 溶液浓度和测定乙酸含量时,为什么都采用粗测和细测两个步骤?

③ 细测 $K_a^{\ominus}$ 值时,为什么在 $\frac{1}{2}V_{ex}$ 处增加测量密度?

实验 3　循环伏安法测定铁氰化钾的电极过程

一、目的要求

① 学习和掌握循环伏安法的原理和实验技术;

② 了解可逆波的循环伏安图的特性以及测算玻碳电极的有效面积的方法。

二、实验原理

循环伏安法是在固定面积的工作电极和参比电极之间加上对称的三角波扫描电压,记录工作电极上得到的电流与施加电位的关系曲线,即循环伏安图。从伏安图的波形、氧化还原峰电流的数值及其比值、峰电位等可以判断电极反应机理。

与汞电极相比,物质在固体电极上伏安行为的重现性差,其原因与固体电极的表面状态直接有关,因而了解固体电极表面的处理方法,衡量电极表面被净化的程度以及测算电极有效表面积的方法是十分重要的。一般对这类问题要根据固体电极材料不同而采取适当的方法。

对于碳电极,一般以 $Fe(CN)_6^{3-/4-}$ 的氧化还原行为作电化学探针。首先,固体电极表面的第一步处理是进行机械研磨、抛光至镜面程度。通常用于抛光电极的材料有金刚砂、CeO_2、ZrO_2、MgO 和 $\alpha\text{-}Al_2O_3$ 粉及其抛光液。抛光时,按抛光剂粒度降低的顺序依次进行研磨,如对新的电极表面先经金刚砂纸粗研和细磨后,再用一定粒度的 $\alpha\text{-}Al_2O_3$ 粉在抛光布上进行抛光。抛光后先洗去表面污物,再移入超声水浴中清洗,每次 2~3min,重复三次,直至清洗干净。最后用乙醇、稀酸和水彻底洗涤,得到一个平滑光洁的、新鲜的电极表面。将处理好的碳电极放入含一定浓度的 $K_3Fe(CN)_6$ 和支持电解质的水溶液中,观察其伏安曲线。如得到如图 7-10 所示的曲线,其阴、阳极峰对称,两峰的电流值相等($i_{pc}/i_{pa}=1$),峰峰电位差 ΔE_p 约为 70 mV(理论值约 60 mV),即说明电极表面已处理好,否则需重新抛光,直到达到要求。

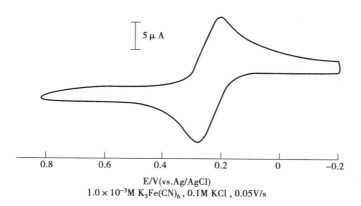

1.0×10^{-3}M K_3Fe(CN)$_6$, 0.1M KCl, 0.05V/s

图7-10 伏安曲线

有关电极有效表面积的计算,可根据 Randles-Sevcik 公式,在25 ℃时

$$i_p = (2.69 \times 10^5) n^{3/2} AD0^{1/2} v^{1/2} C_0$$

式中 A——电极的有效面积,cm^2;

$\quad\quad D0$——反应物的扩散系数,cm^2/s;

$\quad\quad n$——电极反应的电子转移数;

$\quad\quad v$——扫速,V/s;

$\quad\quad C_0$——反应物的浓度,mol/cm^3;

$\quad\quad i_p$——峰电流,A。

三、仪器与试剂

1)仪器

CHI-630A 电化学系统;玻碳电极($d = 4$ mm)为工作电极;饱和甘汞电极为参比电极;铂丝电极为辅助电极。

2)试剂与材料

铁氰化钾、氯化钾、硫酸均为分析纯;实验用水均为去离子水。

3)样品

自配铁氰化钾溶液。

四、实验步骤

1)溶液配制

(1)氯化钾溶液(0.05 mol/L)

称取 3.7 g 氯化钾,用 1 000 mL 去离子水溶解,摇匀。

(2)铁氰化钾溶液(5 mol/L)

称取 164 g 铁氰化钾溶于 100 mL 0.05 mol/L 氯化钾溶液中。

2)电极的预处理

将玻碳电极在麂皮上用抛光粉抛光后,再用蒸馏水清洗干净。

3)启动与参数设置

依次接上工作电极、参比电极和辅助电极。开启电化学系统及计算机电源开关,启动电化学程序,在菜单中依次选择并输入以下参数,见表7-3:开始扫描,将实验图存盘后,记录氧化

还原峰电位 E_{pc}、E_{pa} 及峰电流 i_{pc}、i_{pa}；改变扫速为 0.05、0.1 和 0.2 V/s，分别作循环伏安图。

五、数据处理

将 4 个循环伏安图叠加，打印。以氧化还原峰电流 i_{pc}、i_{pa} 分别与扫速的平方根 $v^{1/2}$ 作图，求算线性相关系数 R。根据 i_{pc} 与扫速的平方根 $v^{1/2}$ 作图得到的线性回归方程，计算所使用的玻碳电极的有效面积。（所用参数：电子转移数 $n = 1$，$K_3Fe(CN)_6$ 的扩散系数 $D_0 = 1 \times 10^{-5}$ cm^2/s）

表 7-3 循环伏安参数

初始电位 E/V	0.6 V	段数	2
高压 E/V	0.6 V	取样间隔/V	0.001
低压 E/V	-0.2 V	持续时间/s	2
扫描速度/(V·s^{-1})	0.02 V	灵敏度/(A·V^{-1})	2×10^{-5}

六、思考题

①如何理解电极过程的可逆性？
②如何判断碳电极表面处理的程度？

实验 4　循环伏安法研究氢和氧在铂电极上的吸附行为

一、实验目的
①掌握三角波电位扫描法的测量技术；
②测量氢和氧在铂电极上吸附脱附规律，并绘制曲线；
③通过实验加深对氢电极过程的理解。

二、实验原理

用恒电位仪或电化学工作站控制研究电极电位在一定范围内以恒定的速率按三角波的规律变化，即依次作方向相反的线性电位扫描。同时，用函数记录仪或工作站记录通过电极的电流随电极电位的变化曲线。该曲线称为动电位扫描曲线或循环伏安曲线，该方法称为三角波电位扫描法或循环伏安法。三角波的电位范围可根据实验要求进行选择。如只需对研究电极进行阴极过程的研究时，则电位范围应选择该电极平衡电位的负向；反之，应选择在平衡电位的正向。若既要观察阴极过程又要观察阳极过程，那么电位范围应选择在平衡电位的两侧。

在动电位扫描曲线中可以观察到电流波峰的存在。峰电流形成的原因可能是电化学反应造成的。也就是在电位扫描初期，反应电流随过电位的增加而增加，即扩散电流随时间是增高的。到电位扫描后期，扩散电流又因扩散层厚度的增加而降低，因而形成电流峰值。也可能是由法拉第吸附电流或一般吸脱附过程所引起双层电容急剧变化而带来的与之相应双电层充放电电流的急剧变化。因此，三角波电位扫描法在研究电极过程和吸脱附过程中是一种有用的工具。本实验采用该法研究氢、氧原子在铂电极上的吸脱附行为。

氢析出反应的最终产物是分子氢，但是两个水化的原子在电极表面上同一处同时放电的概率是很小的。因此，电化学反应的最初产物是氢原子，该原子具有高度的化学活泼性，它可

以和金属表面互相作用(近似于化学键力)生成 MH(M—电极的金属,H—氢原子)。此过程表示如下

$$H^+ + e^- + M \Longleftrightarrow M - H$$

此过程称为法拉第吸附过程。

在平滑的 Pt、Pa 等金属电极上,氢析出的过程,最大可能是复合步骤控制,即

$$M - H + M - H \Longleftrightarrow H_2 \uparrow + 2M$$

在电极上氧析出的同时,几乎总是发生副反应,主要发生电极材料的氧化,即使在 Pt 这样的金属材料上也是如此。例如,在 H_2SO_4 溶液中当电位相对于氢标在 0.9 V 以上,在 Pt 电极上将发生 H_2O 氧化,并与电极金属互相作用。

$$M + H_2O \Longleftrightarrow M - O + 2H^+ + 2e^-$$

因而可以采用在一定范围内的三角波电位扫描法研究氢、氧的法拉第吸脱附,如图 7-11 所示。

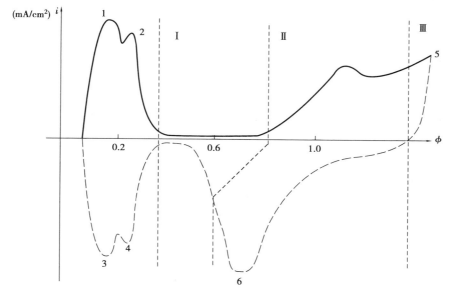

图 7-11　铂电极在 H_2SO_4 溶液中的 I-Φ 曲线

曲线可以分为三个区域,分别为 Ⅰ-氢区,Ⅱ-双层区,Ⅲ-氧区。横轴上部为正向扫描所得到的极化曲线,横轴下部为负向扫面所提到的极化曲线。

负向扫描时,氢区出现的二个电流峰是氢的吸附峰,峰"4"处对应着 H^+ 的还原过程。所生成的 H 原子吸附在 Pt 上形成 MH。此时,由于 Pt 电极刚刚开始吸附氢原子,因此电极表面的吸附覆盖度较低,因而形成的 MH 结合力较强,这部分吸附氢称为强吸附 H,以强 $H_{吸}$ 表示。当 Pt 电极表面已经吸附一部分强 $H_{吸}$ 之后,Pt 电极表面吸附覆盖度增高,此时再继续进行氢的吸附,就与金属表面结合较弱,所以在峰"3"处吸附的氢为弱吸附峰,以弱 $H_{吸}$ 来表示。在氧区出现一个电流峰——峰"6",峰"6"是氧的还原峰,也是氧的脱附峰。

在正向扫描时,氢区的两个氧化峰为氢的脱附峰。峰"1"比峰"2"的电位负,不难理解,峰"1"处的吸附氢较峰"2"处的吸附氢容易氧化,即容易脱附。显然,这是因为峰"1"处所对应的是弱 $H_{吸}$,故容易脱附,而峰"2"处对应的是强 $H_{吸}$,所以较难脱附。在氧区出现峰"5"为氧

的吸附峰。

由图 7-11 可以看出,峰"2"和峰"4"的 i_p 和 φ_p 基本相同,而峰"1"和峰"3"峰的 i_p 和 φ_p 也基本相同,因此,可以说铂电极上氢的吸、脱附过程基本上是可逆的。

在双层区-Ⅱ没有电化学反应发生,只有微弱电流用于双电层充电。区域Ⅲ为氧的吸脱附区,氧的吸附峰"5"和氧的脱附峰"6"分离较远且峰值不等,由此可见氧的吸脱附过程是不可逆的。

三、仪器与试剂

1)仪器

恒电位仪;多通道数据采集仪;超低频信号发生器;交直流数字电压表;CHI660D 工作站;PARSTAT-2273 电化学工作站;玻璃三电极体系;研究电极:铂电极($S = 1$ cm^2)、辅助电极(铂电极,$S = 3$ cm^2)、参比电极(饱和甘汞电极,电极电位为 0.248 V)。

2)试剂与材料

电解液:0.5 mol/L 硫酸溶液。

四、实验步骤

1)电极前处理

先将研究电极 Pt 电极进行前处理,对电极进行电化学除油,再用自来水、蒸馏水仔细冲洗研究电极,洗净后装入电解池并使电极对准鲁金毛细管管口(电解液为 0.5 mol/L 的硫酸溶液)。

2)接线路

将测试体系与电化学工作站按图 7-12 所示接好线路。

3)打开电化学工作站,选择测试方法并设置好相关参数

①恒电位仪电源打开前要使"准备-工作"按钮处于弹出状态,将恒电位仪置于"恒电位"挡,调节"电流量程"挡为"10 mA"挡,"电压量程"挡为"2 V"挡,与信号发生器连接的外输入接口为"外输入×1 输",使"极化电平调节旋钮"以及"外输入×1 输"接口上方的按钮均处于弹出状态。

②打开恒电位仪的开关,将"测量选择"先调到"参比电极"挡,读出参比电极相对于研究电极的稳定电位,然后,再将"测量选择"调到"极化电平"挡,调节极化电平旋钮,使极化电平数值到达此稳定电位值。之后将恒电位仪的电压输出接口与交直流数字电压表相连接(注:恒电位仪电压输出的接线中红色一端与交直流数字电压表接线的黑色一端连接,恒电位仪电压输出的接线中黑色一端与交直流数字电压表接线的红色一端连接),调节电压输出接口上方的"平衡调节旋钮",使交直流数字电压表显示的数值与之前测得的稳定电位值一致,然后将"测量选择"调到"电流"挡。

③将超低频信号发生器的频率调节为 0.002 ~ 0.003 Hz,V_{p-p} 调节为 1.8 V,选择输出波形为"三角波",之后,打开超低频信号发生器的电源开关,在开始试验前将超低频信号发生器的状态置于"准备"挡。再经老师确认无误后,方可开始实验。

4)测试并记录相关数据

①实验开始后,先按下恒电位仪的"准备-工作"按钮,再将超低频信号发生器置于"启动"挡。此时,设定好的电压三角波信号将被施加于研究电极上,循环伏安曲线测试开始,同时采

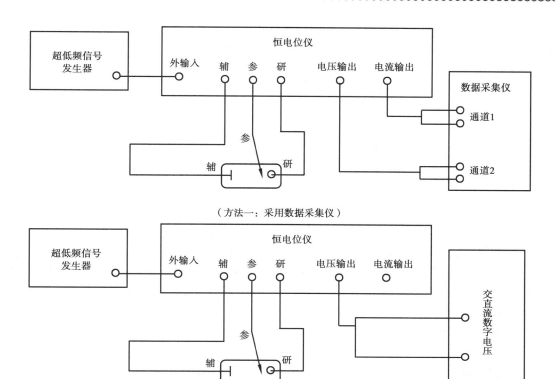

（方法一：采用数据采集仪）

（方法二：采用交直流数字电压表）

图 7-12　三角波扫描法测量线路图

用摄像设备拍摄下测试过程中电流以及电位的变化。

②实验结束之后按下超低频信号发生器的"准备"按钮，关掉信号发生器，再按下"准备-工作"按钮使其处于弹出状态。

③对拍摄的数据进行记录，每隔 1 s 记录一组电流及电位值，直至记录完成整条曲线，采用 Origin 软件对数据进行作图，绘出完整的循环伏安曲线。

④按图 7-13 连接好线路，重复步骤①。采用 CHI660D 电化学工作站测试 Pt 电极于 0.5 mol/L 硫酸溶液中在不同电位扫描范围下的循环伏安曲线。

采用 PARSTAT-2273 电化学工作站测试 Pt 电极于 0.5 mol/L 硫酸溶液中在不同扫描速度（50 mV/s，40 mV/s，30 mV/s，20 mV/s，10 mV/s，5 mV/s）下循环伏安曲线，读出各扫速 v 下的循环伏安曲线中的各个峰的峰电流值 i_p，并作出 $i_p\text{-}v$ 以及 $i_p\text{-}v^{1/2}$ 曲线。

⑤实验完毕，请将各仪器的电源关掉，并将线路拆掉，最后将实验台整理干净。

⑥进行数据处理，并根据数据做出循环伏安曲线。

五、数据处理

①作出按图 7-11 方法测试出的循环伏安曲线。

②定量标出循环伏安图各峰所对应的电位值和电流密度值。

③采用 Origin 作图软件将采用 CHI660D 电化学工作站于不同扫描范围下在 0.5 mol/L 硫酸溶液中测得的 Pt 电极的循环伏安曲线作图，根据各个电位范围下出现的氧化峰、还原峰的

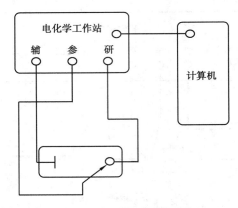

图 7-13　三角波扫描法测量线路

数量、出现的先后顺序判断各个氧化峰和还原峰的对应性。

④采用 Origin 作图软件将采用 PARSTAT-2273 电化学工作站于不同扫速下在 0.5 mol/L 硫酸溶液中测得的 Pt 电极的循环伏安曲线作图,根据峰电位随扫速的变化判断各个峰对应的电化学反应的可逆性。

六、思考题

①根据不同扫速下的循环伏安测试结果分析各个电流峰的产生原因。

②从实验结果,强 H 吸的峰电流与扫描速度有什么关系?

③如何从循环伏安图来判断电化学反应是否可逆?

实验 5　牙膏中微量氟的测定(离子选择性电极)

一、实验目的

①掌握电位法的基本原理;

②学会使用离子选择电极的测量方法和数据处理方法。

二、实验原理

氟离子选择电极是以氟化镧单晶片为敏感膜的电位法指示电极,对溶液中的氟离子具有良好的选择性。氟电极与饱和甘汞电极组成的电池可表示为

$$\text{Ag,AgCl}\left|\begin{pmatrix} 10^{-3}\text{mol}\cdot\text{L}^{-1}\text{NaF} \\ 10^{-1}\text{mol}\cdot\text{L}^{-1}\text{NaCl} \end{pmatrix}\right|\text{LaF}_3\,|\,\text{F}^-\,\text{试液}\,\vdots\,\text{KCl(饱和)},\text{Hg}_2\text{Cl}_2\,|\,\text{Hg}$$

$$E(\text{电池}) = E(\text{SCE}) - E(\text{F}) = E(\text{SCE}) - k + \frac{RT}{F}\ln a(\text{F,外})$$

$$= K + \frac{RT}{F}\ln a(\text{F,外}) = K + 0.059\lg a(\text{F,外})$$

其中,0.059 为 25 ℃时电极的理论响应斜率,其他符号具有通常意义。

用离子选择电极测量的是溶液中离子活度,而通常定量分析需要测量的是离子的浓度,不是活度。所以,必须控制试液的离子强度。如果测量试液的离子强度维持一定,则上述方程可表示为

$$E(\text{电池}) = K + 0.059 \lg c_{F^-}$$

用氟离子选择电极测量 F^- 最适宜 pH 值为 5.5 ~ 6.5。pH 值过低，易形成 HF_2^- 影响 F^- 的活度；pH 值过高，易引起单晶膜中 La^{3+} 水解，形成 $La(OH)_3$，影响电极的响应。故通常用 pH = 6 的柠檬酸盐缓冲溶液来控制溶液的 pH 值。柠檬酸盐还可消除 Al^{3+}、Fe^{3+}（生成稳定的络合物）的干扰。

使用总离子强度缓冲调节剂(TISAB)，既能控制溶液的离子强度，又能控制溶液的 pH 值，还可消除 Al^{3+}、Fe^{3+} 对测定的干扰。TISAB 的组成要视被测溶液的成分及被测离子的浓度而定。

三、仪器与试剂

1) 仪器

离子计或 pH/mV 计；电磁搅拌器；氟离子选择电极；饱和甘汞电极。

2) 试剂与材料

氟化钠、硝酸钾、醋酸钠、柠檬酸钾、冰醋酸、盐酸、氢氧化钠均为分析纯；实验用水均为去离子水。

3) 样品

市售含氟牙膏。

四、实验步骤

1) 溶液配制

(1) NaF 标准贮备液(1.000 mg/mL)

准确称取在 120 ℃ 下烘干的 NaF 2.2100 g 于塑料杯中，用去离子水溶解，转入 1 000 mL 容量瓶中，定容，摇匀。转入塑料瓶中贮存。

(2) NaF 标准工作液(100 μg/mL)

准确移取 NaF 标准贮备液 10.00 mL 于 100 mL 容量瓶中，用去离子水定容，摇匀。转入塑料瓶中备用。

(3) NaF 标准工作液(10 μg/mL)

准确移取 100 μg/mL NaF 标准工作液 10.00 mL 于 100 mL 容量瓶中，用去离子水定容，摇匀。转入塑料瓶中备用。

(4) 总离子强度缓冲调节剂(TISAB)

称取 102 g KNO_3，83 g NaAc，32 g 柠檬酸钾，分别溶解后转入 1 000 mL 容量瓶中，加入 14 mL 冰醋酸，用水稀释至 800 mL 左右，摇匀，此时溶液 pH 值应在 5 ~ 5.6。若超出该范围可用冰醋酸和 NaOH 在 pH 计上调节，完成后，定容，摇匀备用。此溶液中 KNO_3、NaAc、HAc、柠檬酸钾的浓度基本稳定，大约分别为 1 mol/L、1 mol/L、0.25 mol/L、0.1 mol/L。

2) 样品制备

准确称取含氟牙膏 1.000 0 g 于塑料烧杯中，加入 10 mL HCl，充分搅拌约 20 min，加 1 ~ 2 滴溴甲酚绿指示剂(呈黄色)，依次用固体 NaOH、浓 NaOH 和稀 NaOH 溶液中和至刚变蓝，再用稀 HCl 调至刚变黄(pH = 6.0)，转入 100 mL 容量瓶中，定容，过滤。保留滤液备用。

3）开机预热

将氟电极和甘汞电极分别与离子计或 pH/mV 计相接,开启仪器开关,预热仪器。

4）清洗电极

①首先把氟电极在 10^{-3} mol/L 氟标准溶液中浸泡半天以上。

②取去离子水 50~60 mL 至 100 mL 的烧杯中,放入搅拌磁子,插入氟电极和饱和甘汞电极。开启搅拌器 2~3 min 后,若读数大于 -200 mV,则更换去离子水,继续清洗,直至读数小于 -200 mV。

5）工作曲线法

（1）标准系列的配制

分别取 2.00,4.00,6.00,8.00,10.00 mL 10 μg/mL NaF 标准工作液于 5 个 50 mL 的容量瓶中,加入 10 mL 空白溶液和 10 mL TISAB,定容,摇匀。此时浓度系列为 0.4,0.8,1.2,1.6,2.0 μg/mL。

（2）将标准系列溶液分别倒出部分于塑料烧杯中,放入搅拌磁子,插入经洗净的电极,搅拌 1 min,停止搅拌后(或一直搅拌,待读数稳定后),读取稳定的电位值。按顺序从低到高浓度依次测量,每测量 1 份试液,无须清洗电极,只需用滤纸沾去电极上的水珠。测量结果列表记录。

（3）水样测定

移取制好的样品滤液 10.00 mL 于 50 mL 容量瓶中,加入 10 mL TISAB,定容,摇匀,测定。注意同时做空白。

6）标准加入法

准确移取滤液 10.00 mL 于 100 mL 塑料烧杯中,加入 10 mL TISAB,加入 30 mL 去离子水,放入搅拌磁子,插入清洗干净的电极,搅拌,读取稳定的电位值 E_1。再准确加入100 μg/mL F^- 标准工作液 1.00 mL,同样测量出稳定的电位值 E_2。计算出其差值($\Delta E = E_1 - E_2$)。

五、数据处理

①用标准系列溶液数据在半对数坐标纸上绘制 E-lgc_{F^-} 曲线,或在坐标纸上绘制 E-lgc_{F^-} 曲线。

②根据样品测得的电位值,在校正曲线上查其对应浓度,计算牙膏中氟离子的含量(mg/g)。

③根据标准加入法所得的 ΔE 和从校正曲上计算得到的电极响应斜率 S 代入下述方程

$$c_x = \frac{c_s V_s}{V_x + V_s}(10^{\Delta E/S} - 1)^{-1}$$

计算滤液中氟离子的含量,进而计算牙膏中氟的含量。式中 c_s 和 V_s 分别为加入标准溶液的浓度和体积。c_x 和 V_x 分别为滤液的氟离子浓度和体积。

六、思考题

①氟离子的选择电极在使用时应注意哪些问题?

②为什么要清洗电极,使其响应电位值负于 -200 mV?

③TISAB 在测量溶液中起哪些作用?

第 8 章
气相色谱法

色谱分析法,又称层析法、色层法、层离法,是一种物理或物理化学分离分析方法。色谱分析的特点是待测组分由流动相输入色谱柱时,在两相进行反复多次分配,由于其分配系数不同,最后彼此分离,成为单组分。通过柱后所连接的检测器记录各组分的色谱图,并与标准品比较,根据保留时间(峰位)和峰高(或峰面积)即可进行定性和定量分析。根据流动相和固定相的不同,色谱法分为气相色谱法和液相色谱法。

气相色谱法(Gas Chromatography,GC)是采用气体作为流动相的色谱分析法。在 GC 中载气(不与被测物作用,用来载送试样的惰性气体,如氢气、氮气等)携带欲分离的试样通过色谱柱中的固定相,使试样中各组分分离,然后分别检测,检测器信号由记录仪记录,得到"色谱图"。

GC 法具有柱效高、高灵敏、高选择性、快速、应用范围广等特点,是科研、生产和日常检验中的一种常备手段。适合于分析气体、易挥发的液体或固体,不适合分析不易气化或不稳定的物质,样品的衍生化可进一步扩大应用范围。此外,气相色谱法的局限性还表现在对被分离组分的定性工作上,如果没有标准品可供对照,那么在定性方面将存在很多困难。随着分析仪器的发展,这一不足可通过各种联用技术来弥补,如色谱-质谱、色谱-红外光谱、色谱-原子吸收光谱联用技术等。

8.1 基本原理

气相色谱法分离的原理主要基于组分与固定相之间的吸附或溶解作用,相邻两组分之间分离的程度既取决于组分在两相间的分配系数,又取决于组分在两相间的扩散作用和传质阻力,前者与色谱过程的热力学因素有关,后者与色谱过程的动力学因素有关。气相色谱的两大理论(塔板理论和速率理论)分别从热力学和动力学角度阐述了色谱分离效能及其影响因素。

塔板理论是在对色谱过程进行多项假设的前提下提出的。它的贡献在于借助化工中 BV 的塔板理论的概念推导出流出曲线方程

$$c = \frac{W\sqrt{n}}{V_R\sqrt{2\pi}}\, e^{-\frac{n}{2}(1-\frac{V}{V_R})^2}$$

式中　c——气相中组分的浓度；

　　　W——进样量；

　　　V_R——组分的保留体积；

　　　V——载气体积；

　　　n——理论塔板数。

　　它是塔板理论的基本方程式，以载气体积 V 作为变数，表示流出组分浓度变化的方程。当 n 值为很大时，方程为一个正态分布方程，其对应的图形如图 8-1 所示。此方程能与实际色谱峰图形较好地符合，由塔板理论计算出的反应分离效能的理论塔板数，可用于评价实际分离的效果。

　　由上述流出曲线方程可推导出理论塔板数 n 的计算公式

$$n = 5.54 \left(\frac{V_R}{Y_{1/2}} \right)^2 = 5.54 \left(\frac{t_R}{Y_{1/2}} \right)^2$$

式中　n——理论塔板数；

　　　V_R——组分的保留体积；

　　　t_R——组分的保留时间；

　　　$Y_{1/2}$——半峰宽。

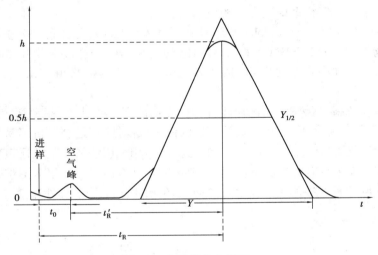

图 8-1　典型微分色谱图

　　从流出曲线方程可以看出，当 $V = V_R$ 时，组分浓度 c 将获得最大值，这时组分的最大浓度（色谱峰的峰高）正比于进样量 W 和理论塔板数 n，反比于保留体积 V_R，即进样量越大，色谱峰越高，保留体积越大，谱峰越低。当保留值、进样量一定时，柱效越高、色谱峰越高。而当进样量一定时，早流出的色谱峰高且窄，后流出的色谱峰低而宽。因此，在实际工作中可利用塔板理论来进行色谱条件的选择。综上所述，塔板理论在解释色谱流出曲线、最大浓度位置以及理论塔板数的计算等方面都是成功和有效的。它的不足之处在于没有阐明影响分离效能 n 的本质，也解释不了载气流速对理论塔板数的影响这一实验事实。

　　速率理论是在对色谱过程动力学因素进行研究的基础上提出的，考虑到在色谱分离过程中影响柱效的涡流扩散、分子扩散以及气相和液相传质阻力，建立了速率理论方程

$$H = 2\lambda d_{p} + \frac{2\gamma D_{g}}{u} + 0.01\frac{k^{2}d_{p}^{2}}{(1+k)^{2}D_{g}}u + \frac{2kd_{f}^{2}}{3(1+k)^{2}D_{L}}u$$

式中　H——理论塔板高度；

　　　d_{p}——担体直径；

　　　u——载气线速度；

　　　k——分配比；

　　　d_{f}——固体液膜厚度；

　　　D_{g}——组分气相扩散系数；

　　　D_{L}——组分液相(固定液)扩散系数；

　　　λ——填充不规则因子；

　　　γ——弯曲因子。

实际上,从理论塔板计算公式中不难看出,色谱分离效能的高低除了与保留值(V_{R},t_{R})有关外,还与色谱峰的宽度($Y_{1/2}$)有关,而色谱峰的宽度受载气流速、传质、扩散等动力学因素控制。

上式可简化为

$$H = A + \frac{B}{u} + C_{g}u + C_{L}u$$

式中　A——涡流扩散,与载气流速变化无关；

　　　B——与分子扩散有关的系数；

　　　C_{g}——气相传质阻力系数,表示气-液或气-固两相进行质量交换时的阻力；

　　　C_{L}——液相传质阻力系数。

从速率理论方程式中可以看出,影响板高的因素很多,但当色谱体系选定后唯一的变数就是载气流速 u。当流速较小时,则 $C_{g}u$ 和 $C_{L}u$ 两相对板高的贡献可以忽略,此时分子扩散相是影响板高的主要因素；当流速较大时,B 项对板高的贡献可以忽略,这时传质阻力项起主要作用,因此,当分子扩散项及传质阻力项对板高影响最小时柱效最高,这时对应于一最佳流速存在,如图 8-2 所示,在实际工作中应考虑最佳流速这一重要因素。

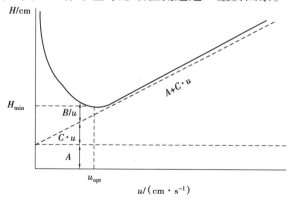

图 8-2　最佳流速曲线图

8.2　仪器结构

气相色谱仪是实现气相色谱过程的仪器,按其目的可分为分析型、制备型和工艺过程控制型。但无论气相色谱仪的类型如何变化,构成色谱仪的 5 个基本组成部分皆是相同的,包括载气系统、进样系统、分离系统(色谱柱)、检测系统及数据处理系统。

8.2.1　载气系统

载气是构成气相色谱过程中的重要一相——流动相,因此,正确地选择载气,控制气体的流速,是气相色谱仪正常操作的重要条件。

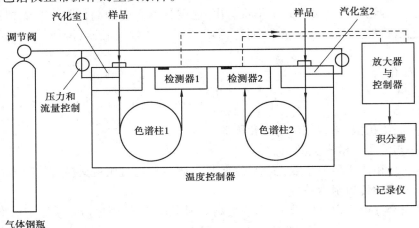

图 8-3　气相色谱仪流程图

原则上,只要没有腐蚀性,且不干扰样品分析的气体都可以作载气。常用的有 H_2、He、N_2、Ar 等。在实际应用中载气的选择主要是根据检测器的特性来决定,同时考虑色谱柱的分离效能和分析时间,例如氢火焰离子化检测器中,氢气是必用的燃气,用氮气作载气。载气的纯度、流速对色谱柱的分离效能、检测器的灵敏度均有很大影响,气路控制系统的作用就是将载气及辅助气进行稳压、稳流及净化,以满足气相色谱分析的要求。

操作气相色谱仪如何选用不同气体纯度的气源作载气和辅助气体。原则上讲,选择气体纯度时,主要取决于分析对象、色谱柱中填充物以及检测器。建议在满足分析要求的前提下,尽可能选用纯度较高的气体。这样不但会提高(保持)仪器的高灵敏度,而且会延长色谱柱和整台仪器(气路控制部件、气体过滤器)的寿命。实践证明,作为中高档仪器,长期使用较低纯度的气体气源,一旦要求分析低浓度的样品时,要想恢复仪器的高灵敏度有时十分困难。对于低档仪器,作常量或半微量分析,选用高纯度的气体,不但增加了运行成本,有时还增加了气路的复杂性,更容易出现漏气或其他的问题而影响仪器的正常操作。

另外,为了某些特殊的分析目的要求特意在载气中加入某些"不纯物",如分析极性化合物时添加适量的水蒸气,操作火焰光度检测器时,为了提高分析硫化物的灵敏度,而添加微量硫。操作氦离子化检测器要氖的含量必须在 $5 \times 10^{-6} \sim 252.5 \times 10^{-5}$,否则会在分析氢、氮和氩气时产生负峰或"W"形峰等。

8.2.2　进样系统

气相色谱可以分析气体,也可以分析具有挥发性的液体或固体物质,对于沸点高或不挥发性的物质,可采用衍生化的方法或裂解的方法,将转化后的样品进行色谱分析。

1)注射器进样

微量注射器可用作气体样品和液体样品的进样器,方便易得,成本低廉,但重复性较差。

2)气体进样阀

由于气体进样的体积较大(在相同检测灵敏度下,所需的气体体积比液体大两三个数量级),常用六通阀进样,进样量由定量管决定,进样量的重复率可达 0.5%。

3)自动进样器

在工业流程色谱分析和大批量样品的常规分析中,主要采用自动进样的方式。

4)分流进样器

主要用于毛细管柱气相色谱的进样系统中。由于毛细管柱样品容量很小,一般为 $10^{-2} \sim 10^{-3}$ mL 液样,多采用分流技术解决,即进样量可以比较多,样品气化后一小部分被载气带入色谱柱中,另一大部分被放空,放空部分与进入色谱柱部分之比为"分流比",一般分流比在 $10 \sim 100$。

5)气化室

它是进样系统中不可缺少的组成部分,它的作用是液体样品瞬间加热变成蒸气,然后由载气带入色谱柱。

8.2.3　色谱柱

分离系统主要由色谱柱组成,是气相色谱仪的心脏,它的功能是使试样在柱内运行的同时得到分离。色谱柱基本有两类:填充柱和毛细管柱。填充柱是将固定相填充在金属或玻璃管中(常用内径 4 mm)。毛细管柱是用熔融二氧化硅拉制的空心管,也叫弹性石英毛细管。柱内径通常为 $0.1 \sim 0.5$ mm,柱长 $30 \sim 50$ m,绕成直径 20 cm 左右的环状。用这样的毛细管作分离柱的气相色谱称为毛细管气相色谱或开管柱气相色谱,其分离效率比填充柱要高得多,可分为开管毛细管柱、填充毛细管柱等。填充毛细管柱是在毛细管中填充固定相而成,也可先在较粗的厚壁玻璃管中装入松散的载体或吸附剂,然后拉制成毛细管。如果装入的是载体,使用前在载体上涂渍固定液成为填充毛细管柱气-液色谱。如果装入的是吸附剂,就是填充毛细管柱气-固色谱。

8.2.4　检测系统

检测器的功能是对柱后已被分离的组分的信息转变为便于记录的电信号,然后对各组分的组成和含量进行鉴定和测量,是色谱仪的眼睛。原则上,被测组分和载气在性质上的任何差异都可以作为设计检测器的依据,但在实际中常用的检测器只有几种,它们结构简单,使用方便,具有通用性或选择性。检测器的选择要依据分析对象和目的来确定。下面列出几种常见的气相色谱检测器。

1）热导检测器

热导检测器（TCD）属于浓度型检测器，即检测器的响应值与组分在载气中的浓度成正比。它的基本原理是基于不同物质具有不同的热导系数，几乎对所有的物质都有响应，是目前应用最广泛的通用型检测器。由于在检测过程中样品不被破坏，因此可用于制备和其他联用鉴定技术。

2）氢火焰离子化检测器

氢火焰离子化检测器（FID）利用有机物在氢火焰的作用下化学电离而形成离子流，借测定离子流强度进行检测。该检测器灵敏度高、线性范围宽、操作条件不苛刻、噪声小、死体积小，是有机化合物检测常用的检测器。但是检测时样品被破坏，一般只能检测那些在氢火焰中燃烧产生大量碳正离子的有机化合物。

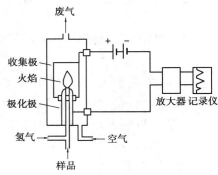

图 8-4　氢火焰离子化检测器工作原理

3）电子捕获检测器

电子捕获检测器（ECD）是利用电负性物质捕获电子的能力，通过测定电子流进行检测的。ECD 具有灵敏度高、选择性好的特点。它是一种专属型检测器，是目前分析痕量电负性有机化合物最有效的检测器，元素的电负性越强，检测器灵敏度越高，对含卤素、硫、氧、羰基、氨基等的化合物有很高的响应。电子捕获检测器已广泛应用于有机氯和有机磷农药残留量、金属配合物、金属有机多卤或多硫化合物等的分析测定。它可用氮气或氩气作载气，最常用的是高纯氮。

4）火焰光度检测器

火焰光度检测器（FPD）对含硫和含磷的化合物有比较高的灵敏度和选择性。其检测原理是，当含磷和含硫物质在富氢火焰中燃烧时，分别发射具有特征的光谱，透过干涉滤光片，用光电倍增管测量特征光的强度。

5）质谱检测器

质谱检测器（MSD）是一种质量型、通用型检测器，其原理与质谱相同。它不仅能给出一般 GC 检测器所能获得的色谱图（总离子流色谱图或重建离子流色谱图），而且能够给出每个色谱峰所对应的质谱图。通过计算机对标准谱库的自动检索，可提供化合物分析结构的信息，故是 GC 定性分析的有效工具。常被称为色谱-质谱联用（GC-MS）分析，是将色谱的高分离能力与 MS 的结构鉴定能力结合在一起。

8.2.5　数据处理系统

数据处理系统目前多采用配备操作软件包的工作站，用计算机控制，既可以对色谱数据进行自动处理,又可对色谱系统的参数进行自动控制。

8.3　实验技术

色谱法是非常有效的分离和分析方法,同时还能将分离后的各种成分直接进行定性和定量分析。

8.3.1　定性分析

色谱定性分析的任务是确定色谱图上每一个峰所代表的物质。由于能用于色谱分析的物质很多,不同组分在同一固定相上色谱峰出现时间可能相同,仅凭色谱峰对未知物定性有一定困难。对于一个未知样品,首先要了解它的来源、性质、分析目的,在此基础上,对样品可有初步估计,再结合已知纯物质或有关的色谱定性参考数据,用一定的方法进行定性鉴定。

1)利用保留时间定性

在一定的色谱系统和操作条件下,各种组分都有确定的保留时间,可以通过比较已知纯物质和未知组分的保留时间定性。如待测组分的保留值与在相同色谱条件下测得的已知纯物质的保留时间相同,则可以初步认为它们是同一种物质。为了提高定性分析的可靠性,还可以进一步改变色谱条件(分离柱、流动相、柱温等)或在样品中添加标准物质,如果被测物的保留时间仍然与已知物质相同,则可以认为它们为同一物质。

利用纯物质对照定性,首先要对试样的组分有初步了解,预先准备用于对照的已知纯物质(标准对照品)。该方法简便,是气相色谱定性中最常用的定性方法。

2)柱前或柱后化学反应定性

在色谱柱后装 T 形分流器,将分离后的组分导入官能团试剂反应管,利用官能团的特征反应定性,也可在进样前将被分离化合物与某些特殊反应试剂反应生成新的衍生物。于是,该化合物在色谱图上的出峰位置的大小就会发生变化甚至不被检测,由此得到被测化合物的结构信息。

3)保留指数法

保留指数法,又称为 Kovats 指数,与其他保留数据相比,是一种重现性较好的定性参数。对于气相色谱,可采用这种方法。

保留指数是将正构烷烃作为标准物,把一个组分的保留行为换算成相当于含有几个碳的正构烷烃的保留行为来描述,这个相对指数称为保留指数,定义式如下

$$I_x = 100\left[Z + n\,\frac{\lg t'_{R(x)} - \lg t'_{R(Z)}}{\lg t'_{R(Z+n)} - \lg t'_{R(Z)}}\right]$$

式中　I_x——待测组分的保留指数;

　　　Z 与 $Z+n$——正构烷烃对的碳数。规定正己烷、正庚烷及正辛烷等的保留指数为 600、700、800,其他类推。

4)联用技术

将色谱与质谱、红外光谱、核磁共振谱等具有定性能力的分析方法联用,复杂的混合物先经气相色谱分离成单一组分后,再利用质谱仪、红外光谱仪或核磁共振谱仪进行定性。未知物

经色谱分离后,质谱可以很快地给出未知组分的相对分子质量和电离碎片,提供是否含有某些元素或基团的信息。红外光谱也可很快得到未知组分所含各类基团的信息,对结构鉴定提供可靠的论据。

8.3.2　定量分析

1)定量校正因子

色谱定量分析是色谱峰面积与组分的量成正比关系。同一检测器对不同物质具有不同的灵敏度,即两种组分若含量相同,但峰面积一般却不相同。引入绝对定量校正因子 f_i,建立组分的量 W_i 与对应的峰面积 A_i 之间的关系。

由于绝对进样量 W_i 难以准确测定,常用相对校正因子 f_i' 代替绝对校正因子 f_i。某组分的相对校正因子为其绝对校正因子与标准物质的绝对校正因子之比,简称为校正因子。将已知量的某物质与已知量的标准物质混合均匀后,取适量体积进样后,可由两者的峰面积得到校正因子

$$f_i' = \frac{f_i}{f_s}$$

2)常用定量计算方法

色谱法常采用归一化法、内标法、外标法进行定量分析。由于峰面积定量比峰高准确,所以常采用峰面积来进行定量分析。

(1)归一化法

归一化法是将试样中所有组分的含量之和按 100% 计算,以它们相应的色谱峰面积为定量参数。如果试样中所有组分均能流出色谱柱,并在检测器上都有响应信号,都能出现色谱峰,可用此法计算各待测组分 A_i 的含量。其计算公式如下

$$\omega_i(\%) = \frac{m_i}{m} \times 100\% = \frac{f_i' A_i}{f_1' A_1 + f_2' A_2 + \cdots + f_n' A_n} \times 100\%$$

归一化法简便、准确,进样量多少不影响定量的准确性,操作条件的变动对结果的影响也较小,尤其适用多组分的同时测定。但若试样中有的组分不能出峰,则不能采用此法。

(2)外标法

直接比较法:将未知样品中某一物质的峰面积与该物质的标准品的峰面积直接比较进行定量。通常要求标准品的浓度与被测组分浓度接近,以减小定量误差。

标准曲线法:取待测试样的纯物质配成一系列不同浓度的标准溶液,分别取一定体积,进样分析。从色谱图上测出峰面积,以峰面积对含量作图即为标准曲线。然后在相同的色谱操作条件,分析待测试样,从色谱图上测出试样的峰面积(或峰高),由上述标准曲线查出待测组分的含量。

外标法是最常用的定量方法。其优点是操作简便,不需要测定校正因子,计算简单。结果的准确性主要取决于进样的重现性和色谱操作条件的稳定性。

(3)内标法

内标法是在未知样品中加入已知浓度的标准物质(内标物),然后比较内标物和被测组分的峰面积,从而确定被测组分的浓度。由于内标物和被测组分处在同一基体中,因此可以消除

基体带来的干扰。而且当仪器参数和洗脱条件发生非人为的变化时,内标物和样品组分都会受到同样的影响,这样消除了系统误差。当对样品的情况不了解,样品的基体很复杂或不需要测定样品中所有组分时,采用这种方法比较合适。

内标物必须满足如下的条件:①内标物与被测组分的物理化学性质要相似(如沸点、极性、化学结构等);②内标物应能完全溶解于被测样品(或溶剂)中,且不与被测样品起化学反应;③内标物的出峰位置应该与被分析物质的出峰位置相近,且又能完全分离,目的是避免 GC 的不稳定性所造成的灵敏度的差异;④选择合适的内标物加入量,使得内标物和被分析物质二者峰面积的匹配性大于 75%,以免它们处在不同响应值区域而导致灵敏度产生偏差。

8.3.3　色谱柱的清洗

玻璃柱的清洗可选择酸洗液浸泡、冲洗。铜柱可用 10% 的 HCl 溶液浸泡、冲洗。对于不锈钢柱可以 5% ~ 10% NaOH 热水溶液浸泡、冲洗,除去壁管上的油污。然后用自来水洗至中性,最后用蒸馏水冲洗几次,在 120 ℃ 的烘箱中烘干后备用。对于已经用过的柱子,可选用能溶解固定液的溶剂来洗涤。

8.3.4　担体处理及固定液涂渍

担体主要是起承载固定液的作用,在实际使用中往往有不同程度的催化活性,当分离极性物质时,对组分有明显的吸附作用,其结果是造成色谱峰严重不对称,故而在使用前需经酸洗、碱洗和硅烷化,有时需要做釉化处理。市售担体有些已经处理,过筛后即可使用,涂渍前将担体放在 105 ℃ 烘箱中烘 4 ~ 6 h,除去吸附在担体表面的水蒸气等。

在气相色谱分析中固定液的选择是样品组分之间分离成败的关键。根据"相似相溶"的原则,选择与样品相匹配的固定液。固定液选好后,根据担体的液担比计算出固定液的用量。涂渍时,称取适量的固定液于烧杯中,加入适当的易挥发有机溶剂使其溶解,通常溶剂的体积是担体体积的 1.5 倍,可以在水浴上加热加速溶解。溶解后,加入担体,用玻璃棒轻轻搅拌,防止担体破碎。在蒸发溶剂时,可根据溶剂的挥发性采用自然挥发、红外灯烤等方法,使溶剂慢慢挥发,并轻轻搅动,使固定液在担体表面上形成一层薄而均匀的液膜。待有机溶剂恢复完毕,移至红外干燥箱,烘干 20 ~ 30 min,即可准备装柱。

8.3.5　色谱柱的填充和老化

色谱柱填料制备完毕后,过筛,以除去涂渍过程中产生的细粉,再装柱。装填一般采用减压装柱法。将柱管的一端用玻璃棉或其他的透气性好的材料隔层后与真空泵系统相连,另一端通过漏斗加入固定相。在装填固定相时,边抽气边用小木棒轻轻敲打柱管的各个部位,使固定相装填紧密而均匀,直至装满。然后将柱管两端的填料展平后塞入玻璃棉备用。

为了彻底清除固定相中残余的溶剂和易挥发物质,使固定液液膜变得更均匀,能牢固地分布在担体表面上,对填充的色谱柱必须进行老化。老化的方法是把柱子入口端(填充时接漏斗端)与汽化室出口相接,另一端放空,通入载气(N_2),流速为 15 ~ 20 mL/min,先在低柱温下加热 1 ~ 2 h,然后慢慢将柱温升至固定液最高使用温度 20 ~ 30 ℃。老化时间一般为 8 ~ 12 h。然后接入检测器,观察记录的基线,平直的基线说明老化处理完毕。

8.3.6　色谱仪的日常维护

气路的清洗：色谱仪工作一段时间后，在色谱柱与检测器之间的管路可能被污染，最好卸下来用乙醇浸泡冲洗几次，干燥后再接上。空气压缩机出口至色谱仪空气入口之间，经常会出现冷凝水，应将入口端卸开，再打开空气压缩机吹干。为清洗汽化室，可先卸掉色谱柱，在加热和通载气的情况下，由进样口注入乙醇或丙酮反复清洗，继续加热通载气使汽化室干燥。

热导池检测器的清洗：拆下色谱柱，换上一段干净的短管，通入载气，将柱箱及检测器升温到 200 ~ 250 ℃，从进样口注入 2 mL 乙醇或丙酮，重复几次，继续通载气至干燥。如果没清洗干净，可小心卸下检测器，用有机溶剂浸泡、冲洗。切勿将热丝冲断或使其变形，与池体短路。

氢火焰检测器的清洗：发现离子室发黑、生锈、绝缘能力降低而发生漏电时，可卸下收集极、极化极和喷嘴，用乙醇浸泡擦洗，然后用吹风机吹干。再将陶瓷绝缘体用乙醇浸泡、冲洗、吹干。

8.4　实验部分

实验 1　气相色谱的定性和定量分析

一、实验目的
①进一步学习计算色谱峰的分辨率；
②熟练掌握根据保留值用已知物对照定性的分析方法；
③学习用归一化法定量测定混合物各组分的含量。

二、实验原理
对一个混合试样成功地分离，是气相色谱法完成定性及定量分析的前提和基础。衡量一对色谱峰分离的程度可用分离度 R 表示

$$R = \frac{t_{R,2} - t_{R,1}}{\frac{1}{2}(Y_1 + Y_2)}$$

式中，$t_{R,2}$，Y_2 和 $t_{R,1}$，Y_1 分别是两个组分的保留时间和峰底宽，如图 8-5 所示。当 $R = 1.5$ 时，两峰完全分离；当 $R = 1.0$ 时，98% 的分离。在实际应用中，$R = 1.0$ 一般可以满足需要。

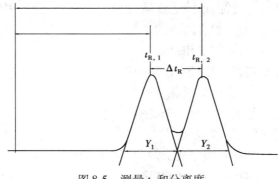

图 8-5　测量 t_R 和分离度

用色谱法进行定性分析的任务是确定色谱图上每一个峰所代表的物质。在色谱条件一定时,任何一种物质都有确定的保留值、保留时间、保留体积、保留指数及相对保留值等保留参数。因此,在相同的色谱操作条件下,通过比较已知纯样和未知物的保留参数或在固定相上的位置,即可确定未知物为何种物质。

当手头上有待测组分的标准样品时,用与已知物对照进行定性极为简单。实验时,可采用单柱比较法、峰高加入或双柱比较法。

单柱比较法是在相同的色谱条件下,分别对已知纯样及待测试样进行色谱分析,得到两张色谱图,然后比较其保留参数。当两者的数值相同时,即可认为待测试样中有纯样组分存在。

双柱比较法是在两个极性完全不同的色谱柱上,在各自确定的操作条件下,测定纯样和待测组分在其上的保留参数,如果都相同,则可准确地判断试样中有与此纯样相同的物质存在。由于有些不同的化合物会在某一固定相上表现了相同的热力学性质,故双柱法定性比单柱法更为可靠。

在一定的色谱条件下,组分 i 的质量 m_i 或其在流动相中的浓度,与检测器的响应信号峰面积 A_i 或峰高 h_i 成正比

$$m_i = f_i^A \cdot A_i$$
$$\text{或 } m_i = f_i^h \cdot h_i$$

式中,f_i^A 和 f_i^h 称为绝对校正因子。此公式为色谱定量的依据。不难看出,响应信号 A、h 及校正因子的准确测量直接影响定量分析的准确度。

由于峰面积的大小不易受操作条件如柱温、流动相的流速、进样速度等因素的影响,故峰面积更适于作为定量分析的参数。测量峰面积的方法分为手工测量和自动测量两大类。现代色谱仪中一般都配有准确测量色谱面积的电学积分仪。手工测量则首先测量峰高 h 和半峰宽 $Y_{1/2}$,然后按下式计算

$$A_i = 1.065 h_i \cdot Y_{1/2}$$

当峰形不对称时,则可按下式计算

$$A_i = \frac{1}{2} h_i (Y_{0.15} + Y_{0.85})$$

式中,$Y_{0.15}$ 和 $Y_{0.85}$ 分别是峰高 0.15 和 0.85 处的峰宽值。

$$m_i = f_i^A \cdot A_i \Rightarrow f_i^A = \frac{m_i}{A_i}$$

式中,m_i 可用质量、物质的量及体积等物理量表示,相应校正因子分别称为质量校正因子、摩尔校正因子和体积校正因子。由于绝对校正因子受仪器和操作条件的影响很大,其应用受到限制,一般采用相对校正因子。相对校正因子是指组分 i 与基准组分 s 的绝对校正因子之比,即

$$f_{is}^A = \frac{A_s m_i}{A_i m_s}$$

因绝对校正因子很少使用,一般文献上提到的校正因子就是相对校正因子。

根据不同的情况,可选用不同的定量方法。归一化法是将样品中所有组分含量之和按100%计算,以它们相应的响应信号为定量参数,通过下式计算各组分的质量分数

$$\omega_i = \frac{m_i}{m(\text{总})} = \frac{f_{is}^A \cdot A_i}{f_{1s}^A \cdot A_1 + f_{2s}^A \cdot A_2 + \cdots + f_{ns}^A \cdot A_n} \times 100\% = \frac{f_{is}^A \cdot A_i}{\sum\limits_{k=1}^{n} f_{ks}^A \cdot A_k}$$

该法简便、准确。当操作条件变化时,对分析结果影响较小,常用于常量分析,尤其适于进样量少而体积不易准确测量的液体试样。但采用本法进行定量分析时,要求试样中各组分产生测量的色谱峰。

三、仪器与试剂

1) 仪器

气相色谱仪;热导池检测器;带减压阀的氢气钢瓶;色谱柱:柱长 2 m,内径 2 mm,6201 载体上涂有邻苯二甲酸二壬酯(100:(10~15))固定液。

2) 试剂与材料

正己烷、环己烷、苯、甲苯均为分析纯;10 μL、100 μL 注射器。

3) 样品

未知的混合试样。

四、实验步骤

1) 标准溶液配制

准确配制正己烷-环己烷-苯-甲苯为 1:1:1.5:2.5(质量比)的标准混合溶液,以备测量校正因子。

2) 测定条件设置

柱温:85~95 ℃;

检测器温度:120 ℃;

气化室温度:120 ℃;

载气流速:氢气流速为 20~30 mL/min。

3) 测定

①分别注射正己烷、苯、环己烷、甲苯等纯试剂 0.2 μL,各 2~3 次,记录色谱图上各峰的保留时间 t_R。

②进 1.4~2.0 μL 已配制好的标准混合溶液 2~3 次,记录色谱图及各峰的保留时间 t_R。

③完全相同的条件下,进未知混合试样 1.4~2.0 μL 和空气 20~40 μL,各 2~3 次,记录色谱图上各峰的保留时间 t_R 和死时间 t_M。

五、数据处理

①所得数据,计算前 3 个峰中,每两个峰间的分辨率。

②比较所得色谱图及保留时间,指出未知混合试样中各色谱峰对应的物质。

③以苯为基准物质,计算各组分的质量校正因子。

④计算未知混合试样中各组分的质量分数。

六、思考题

①本实验中,进样量是否需要非常准确?为什么?

②将测得的质量校正因子与文献值比较。

③试说明 3 种不同单位校正因子的关系和联系。

④试根据混合试样各组分及固定液的性质,解释各组分的流出顺序。

实验 2　气相色谱的保留值法定性及归一化法定量分析

一、实验目的

①了解气相色谱仪的结构、性能及使用方法;

②掌握气相色谱保留值定性分析和归一化法定量分析的方法;

③熟悉 GC-112A 型气相色谱仪的使用;

④掌握用微量注射器进样的技术。

二、实验原理

本实验用氢气作载气,邻苯二甲酸二壬脂作固定液,用热导池检测器,检查未知试样中的指定组分,并对苯、甲苯、二甲苯混合式样中各种组分进行定量测定。

在一定色谱条件(固定相和操作条件)下,各物质均有其确定不变的保留值,因此,可利用保留值的大小进行定性分析。对于较简单的多组分混合物,若其色谱峰均能分开,则可将各个峰的保留值与各相应的标准样品在同一条件所测的保留值一一对照,确定各色谱峰所代表的物质。这一方法是最常用、最可靠的定性分析方法,应用简便。但有些物质在相同的色谱条件下往往具有近似甚至完全相同的保留值,因此,其应用常限制于当未知物已被确定可能为某几个化合物或属于某种类型时做最后的确证。倘若得不到标准物质,就无法与位置物的保留值进行对照,这时,可利用文献保留值及经验规律进行定性分析。对于组分复杂的混合物,则要与化学反应及其他仪器分析法结合起来进行定性分析。

在气相色谱法中,定量测定是建立在检测信号(色谱峰的面积)的大小与进入检测器组分的量(重量、体积、物质量等)成正比的基础上。实际应用时,由于各组分在检测器上的响应值(灵敏度)不同,即等含量的各组分得到的峰面积不同,故引入了校正因子,可选用一标准组分 s(一般以苯为标准物质)的校正因子 f_s' 为相对标准,为此,引入相对校正因子 f_i(一般所说的校正因子),则被测物 i 的相对校正因子表达为

$$f_i = \frac{f_i'}{f_s'} = \frac{m_i A_s}{m_s A_i} = \frac{v_i A_s}{v_s A_i} \frac{\rho_i}{\rho_s}$$

式中,$m = v \cdot \rho$,v 为溶液的体积;ρ 为物质的密度。

本实验中要测定的苯、甲苯、二甲苯系同系物,可近似认为其密度 ρ 相等。故有

$$f_i = \frac{v_i A_s}{v_s A_i}$$

得到各组分的 f_i 后,即可由测量的峰面积,用归一化法计算出混合物中各组分的百分含量。其计算公式为

$$C_i\% = \frac{A_i f_i}{A_{苯} + A_{甲苯} f_{甲苯} + A_{二甲苯} f_{二甲苯}}$$

使用归一化法进行定量,优点是简便,定量结果与进样量无关,操作条件变化对结果影响较小。但样品的全部组分必须流出,并可测出其信号,对某些不需要测定的组分,也必须测出其信号及校正因子,这是本方法的缺点。

三、仪器与试剂

1）仪器

GC-112A 型气相色谱仪（使用热导池检测器，内径 3 mm、长 2 m 的螺旋状色谱柱，上试 102 白色担体 60～80 目，涂渍邻苯二甲酸壬酯为固定液，液担比为 15∶100，H_2 为载气）。

2）试剂与材料

苯、甲苯、对二甲苯均为色谱纯。1 mL 微量注射器；氢气钢瓶或高纯氢气发生器。

3）样品

自配未知样品。

四、实验步骤

1）测定条件设置

氢气流速：20～30 mL/min；

柱温：90 ℃；

汽化室温度：150 ℃左右；

热导池温度：120 ℃左右；

热导电流：120 mA。

2）测定

①用微量注射器取苯 0.5 μL、甲苯 0.5 μL、对二甲苯 1.0 μL 分别进样，作色谱图。

②用微量注射器取苯、甲苯、对二甲苯的等量混合液 1.0 μL 进样，重复 3 次，作色谱图。

③用微量注射器取苯、甲苯、对二甲苯未知混合液 1.0 μL 进样，重复 3 次，作色谱图。

五、数据处理

①记录色谱操作条件，包括检测器类型、桥电流、固定液、色谱柱长及内径、恒温室温度、气化室温度、载气、流速、柱前压、进样量、记录纸速等。

②测量各标准样品的保留时间，由未知试样中各组分的保留时间确定各色谱峰所代表的组分。

③求出各组分的定量校正因子。

④用归一化法求出苯、甲苯、对二甲苯混合液未知式样中各组分的体积百分含量。

六、思考题

①如果实验中各组分不是等体积混合，其响应值如何计算？

②如果实验要求测定未知式样各组分的质量分数，应如何来设计实验？其各组分的响应值是否与本实验求得的值相同？为什么？

实验 3　气相色谱内标法测定白酒中乙酸乙酯的含量

一、实验目的

①掌握气相色谱内标法的定量依据；

②掌握气相色谱仪的结构和使用方法；

③熟悉相对校正因子的测定方法。

二、实验原理

白酒的主要成分是乙醇和水(占总量的 98% ~ 99%),还会有使白酒呈香味的酸、酯、醇、醛等种类众多的微量有机化合物(占总量的 1% ~ 2%)。其中,乙酸乙酯在白酒香气成分中的构成方面占据着重要地位,它的含量高低在一定程度上代表着白酒品质的好坏,对其标准定量分析就可以有效鉴别白酒的质量等级。目前检测乙酸乙酯的标准方法是气相色谱内标法定量。内标法是指将一种纯物质作为内标物加入试样中,进行色谱分析,根据待测物和内标物的质量及其在质谱图上响应的峰面积和相对校正因子,求出待测组分含量的一种方法。

由于内标物加到试样中,它与待测组分的处理条件相同,因而在一定程度上可以克服样品前处理、进样量和仪器条件不一致等引起的误差,是一种比较准确的定量方法,特别适合于复杂样品和微量组分的定量分析。

三、仪器与试剂

1)仪器

气相色谱仪:FID 检测器;Agilent DB-WAX 弹性石英毛细管柱(30 m × 0.32 mm × 0.25 μm)。

2)试剂与材料

乙酸乙酯、内标物乙酸正戊酯为色谱纯;无水乙醇为分析纯;10 μL 微量注射器。

3)样品

白酒。

四、实验步骤

1)溶液配制

(1)乙酸乙酯标准储备液

准确称取乙酸乙酯 0.200 0 g,置于 10 mL 容量瓶中,以 60% 乙醇水溶液定容至刻度,配成 20.00 mg/mL 溶液。

(2)乙酸正戊酯标准储备液

准确称取乙酸正戊酯(内标)0.200 0 g,置于 10 mL 容量瓶中,以 60% 乙醇水溶液定容至刻度,配成 20.00 mg/mL 溶液。

(3)混合标准样品工作液

准确吸取上述标准储备液各 1.00 mL,置于 50 mL 容量瓶中,60% 乙醇水溶液定容至刻度,混匀,二者浓度均为 0.4 mg/mL。

(4)待测试样(酒样)

吸取白酒样品 10.00 mL 于 10 mL 容量瓶中,加入 20.00 mg/mL 内标液 0.20 mL,混匀备用。

2)测定条件设置

气体流量:载气(N₂) 30 mL/min,氢气 30 mL/min,空气 400 mL/min;

温度条件:进样口温度 220 ℃;检测器温度 220 ℃;程序升温 60 ℃(1 min)—90 ℃(升温速度 3 ℃/min)—220 ℃(升温速度 40 ℃/min)。

3)定性分析

根据实验条件,将色谱仪调整至可进样状态(基线平直即可),用微量注射器分别吸取乙酸乙酯、乙酸正戊酯标准储备液进样,进样量随仪器灵敏度而定,记录每个纯样的保留时间 t_R。

4)定量分析

(1)相对校正因子 f 值的测定

在同样的色谱条件下,吸取混合标样 0.4 μL 进样,记录色谱数据(出峰时间及峰面积),用乙酸乙酯的峰面积与内标物峰面积之比,计算出乙酸乙酯的相对校正因子 f 值。

(2)样品的测量

同样条件下,吸取已加入 20.00 mg/mL 乙酸正戊酯的酒样 0.4 μL 进样,记录色谱数据(出峰时间及峰面积),根据计算公式计算出酒样中乙酸乙酯的含量。

五、数据处理

①读取所得数据的峰面积、保留时间;

②根据下式依次计算乙酸乙酯含量

$$f = \frac{A_1}{A_2} \times \frac{d_2}{d_1}$$

$$X = f \times \frac{A_3}{A_4} \times c$$

式中　　X——酒样中的乙酸乙酯的含量,g/L;

　　　　f——乙酸乙酯的相对校正因子;

　　　　A_1——标样中内标物的峰面积;

　　　　A_3——酒样中乙酸乙酯的峰面积;

　　　　A_4——酒样中内标物的峰面积;

　　　　d_1——内标物的密度;

　　　　d_2——乙酸乙酯的密度;

　　　　c——(添加在酒样中)内标物的质量浓度,mg/L。

六、思考题

①气相色谱内标法的优缺点是什么?

②本实验中选择乙酸正戊酯作为内标物,它应符合哪些条件?

③本实验要求进样准确吗?

实验 4　气相色谱法测定苯系物

一、实验目的

①掌握气相色谱保留值定性及归一化法定量的方法和特点;

②熟悉气相色谱仪的使用,掌握微量注射器进样技术。

二、实验原理

气相色谱方法是利用试样中各组分在气相和固定液相间的分配系数不同将混合物分离、测定的仪器分析方法,特别适用于分析含量少的气体和易挥发的液体。当汽化后的试样被载气带入色谱柱中运行时,组分就在其中的两相间进行反复多次分配,由于固定相对各组分的吸附或溶解能力不同,因此各组分在色谱柱中的运行速度就不同,经过一定的柱长后,便彼此分离,按流出顺序离开色谱柱进入检测器被检测,在记录器上绘制出各组分的色谱峰——流出曲线。在色谱条件一定时,任何一种物质都有确定的保留参数,如保留时间、保留体积及相对保留值等。因此,在相同的色谱操作条件下,通过比较已知纯样和未知物的保留参数或在固定相上的位置,即可确定未知物为何种物质。测量峰高或峰面积,采用外标法、内标法或归一化法,可确定待测组分的质量分数。

三、仪器与试剂

1)仪器

气相色谱仪;热导检测器(TCD);色谱工作站。

2)试剂与材料

苯、甲苯、二甲苯均为色谱纯;5 μL 微量注射器。

3)样品

苯、甲苯、二甲苯的混合物。

四、实验步骤

1)色谱条件设置

色谱柱:PEG-6000/6201,$\Phi 4 \times 2$ m;

载气:高纯 N_2(99.999%);

载气流速:30 mL/min;

柱箱温度:110 ℃;

进样器温度(或气化室温度):120 ℃;

检测器 TCD 温度:120 ℃。

2)开机

检查 N_2 气源的状态及压力,然后打开气源,检漏。开启色谱工作站程序及色谱仪。15 min 后设置桥流为 80 mA。升温结束,待基线平稳后,即可进样。

3)标样的测定

在相同的色谱条件下,用微量注射器准确抽取 5 μL 苯、甲苯、二甲苯标准溶液,注射入进样口,开始测定。记录图谱,储存并处理图谱数据。

4)混合样品的测定

在相同的色谱条件下测定混合样品,记录图谱,储存并处理图谱数据。

五、数据处理

①记录各标准样品各组分保留时间(表 8-1)。

表 8-1　各标准样品各组分保留时间

名称	苯	甲苯	二甲苯
保留时间/min			

②记录混合样品各组分保留时间与峰面积,并利用归一化法计算其含量(表 8-2)。

表 8-2　混合样品各组分保留时间与峰面积

峰编号	保留时间/min	物质名称	峰面积	含量/%
1				
2				
3				

六、注意事项

用微量注射器取样时不要将气泡抽入针筒。

七、思考题

①如何确定色谱图上各主要峰的归属?

②如何确定各组分的含量?

实验 5　白酒中甲醇的测定

一、实验目的

①了解气相色谱仪(火焰离子化检测器 FID)的使用方法;

②掌握外标法定量的原理;

③了解气相色谱法在产品质量控制中的应用。

二、实验原理

试样被汽化后,随同载气进入色谱柱,由于不同组分在流动相(载气)和固定相间分配系数的差异,当两相做相对运动时,各组分在两相中经多次分配而被分离。

在酿造白酒的过程中,不可避免地有甲醇产生。根据国家标准(GB 10343—1989),食用酒精中甲醇含量应低于 0.1 g/L(优级)或 0.6 g/L(普通级)。

利用气相色谱可分离、检测白酒中的甲醇含量。在相同的操作条件下,分别将等量的试样和含甲醇的标准样进行色谱分析,由保留时间可确定试样中是否含有甲醇,比较试样和标准样中甲醇峰的峰高,可确定试样中甲醇的含量。

三、仪器与试剂

1)仪器

气相色谱仪;火焰离子化检测器(FID)。

2)试剂与材料

色谱纯甲醇;无甲醇的乙醇(取 0.5 μL 进样,无甲醇峰即可);1 μL 微量注射器。

3）样品

白酒。

四、实验步骤

1）标准溶液的配制

用 60% 乙醇水溶液为溶剂,分别配制浓度为 0.1 g/L、0.6g/L 的甲醇标准溶液。

2）色谱条件

色谱柱:长 2 m,内径 3 mm 的不锈钢柱;

GDX-102、80～100 目;

载气（N_2）流速:37 mL/min;

氢气（H_2）流速:37 mL/min;

空气流速:450 mL/min;

进样量:0.5 μL;

柱温:150 ℃;

检测器温度:200 ℃;

汽化室温度:170 ℃;

3）测定

通载气后,启动仪器,设定以上温度条件。待温度升至所需值时,打开 H_2 和空气,点燃 FID（点火时,H_2 的流量可大些）,缓缓调节 N_2、H_2 及空气的流量至信噪比较佳时为止,待基线平衡后即可进样分析。

在上述色谱条件下进 0.5 μL 标准溶液,得到色谱图,记录甲醇的保留时间。在相同条件下进白酒样品 0.5 μL,得到色谱图,根据保留时间确定甲醇峰。

五、数据处理

测量两个色谱图上甲醇峰的峰高。按下式计算白酒样品中甲醇的含量:

$$\rho = \rho_s \cdot \frac{h}{h_s}$$

式中　ρ——白酒样品中甲醇的质量浓度,g/L;

　　　ρ_s——标准溶液中甲醇的质量浓度,g/L;

　　　h——白酒样品中甲醇的峰高,mm;

　　　h_s——标准溶液中甲醇的峰高,mm。

比较 h 和 h_s 的大小即可判断白酒中甲醇是否超标。

六、思考题

①为什么甲醇标准溶液要以 60% 乙醇水溶液为溶剂配制? 配制甲醇标准溶液还需要注意些什么?

②外标法定量的特点是什么? 外标法定量的主要误差来源有哪些?

③如何检查 FID 是否点燃?

第 9 章
液相色谱法

以液体为流动相的色谱体系称为液相色谱。柱色谱、薄层色谱和纸色谱等都属于此类色谱。最早的液相色谱(经典液相色谱)是 1906 年俄国植物学家 Tswett 在分离植物色素时建立的一种分离方法。它是借助于样品中各组分分子在流动相(淋洗液)和固定相(色谱柱)之间作用力的差别而进行分离。

高校液相色谱法(High Performance Liquid Chromatography，HPLC)是 20 世纪 60 年代末、70 年代初发展起来的一种新型分离分析技术。它是在经典液相色谱基础上，引入了气相色谱的理论，在技术上采用了高压驱动流动相、高效固定相和高灵敏度检测器，而发展起来的快速分离分析技术，具有分离效率高、检测限低、操作自动化和应用范围广的特点。

高效液相色谱和气相色谱主要区别：①分析对象的差别。GC 的分析对象为能汽化、热稳定性好且沸点较低的样品，高沸点、挥发性差、热稳定性差、离子型及高聚物的样品不可检测，可检测的样品约占有机物的 20%。HPLC 的分析对象为溶解后能制成溶液的样品(包括有机介质溶液)，不受样品挥发性和热稳定性的限制，对分子量大、难汽化、热稳定性差的生化样品及高分子和离子型样品均可检测，用途广泛，占有机物的 80%。②流动相差别的区别。GC 的流动相为惰性，气体组分与流动相无亲和作用力，只与固定相有相互作用。HPLC 的流动相为液体，流动相与组分间有亲和作用力，能提高柱的选择性、改善分离度，对分离起正向作用，且流动相种类较多，选择余地广，改变流动相极性和 pH 值也对分离起到调控作用，当选用不同比例的两种或两种以上液体作为流动相也可以增大分离选择性。③操作条件差别。GC 操作条件为加温、常压，而 HPLC 一般为室温、高压。

塔板理论和范第姆特的速率理论仍然适用于高效液相色谱。联用技术在高效液相色谱定性方面起着重要的作用，目前应用较普遍的是高效液相色谱-质谱(HPLC-MS)等。

根据分离机制不同，液相色谱可分为吸附色谱、分配色谱、化合键合相色谱、离子交换色谱及分子排阻色谱等类型。

9.1　基本原理

9.1.1　吸附色谱

吸附色谱(Adsorption Chromatography)也称液-固色谱,其固定相是固体吸附剂,常用的有硅胶、氧化铝、活性炭等无机吸附剂。硅胶是一种多孔性物质,因—O—Si(—O—)—O—Si(—O—)—O—结合而具有三维结构,表面具有硅羟基 $\equiv$Si—OH, 此硅羟基呈微酸性,易与氢结合,是吸附的活性点。在吸附色谱中,样品主要靠氢键结合力吸附到硅羟基上,和流动相分子竞争吸附点,反复地被吸附,又反复地被流动相分子顶替解吸,随着流动相的流动而在柱中向前移动。因为不同的待测分子在固定相表面的吸附能力不同,因而吸附-解吸的速度不同,各组分被洗出的时间(保留时间)也就不同,使得各组分彼此分离。吸附色谱在早期的 HPLC 中应用得较多,现在被更加方便、有效的化学键合相反相分配色谱所代替。吸附色谱常用于异构体的分离和族分离。

9.1.2　分配色谱

分配色谱(Partion Chromatography)原本是基于样品分子在包覆于惰性载体(基质)上的固定相液体和流动相液体之间的分配平衡的色谱方法,因此也称液-液色谱。因为作固定相的液体往往容易溶解到流动相中去,所以重现性很差。如果将固定相通过化学键合的方法键合到惰性载体上,固定相就不会流失到流动相中去。基于这种思想发展起来的固定相就是当今在HPLC 中应用最广泛的化学键合型固定相。如 ODS(Octa Decyltrichloro Silane,十八烷基三氯硅烷)固定相就是最典型的代表,它是将十八烷基三氯硅烷通过化学反应与硅胶表面的硅羟基结合,在硅胶表面形成化学键合态的十八碳烷基,其极性很小,而常用的流动相,如甲醇、乙腈以及它们与水的混合溶液,极性比固定相大,被称为反相 HPLC,适用于分离非极性和极性较弱的化合物。RPC 在现代液相色谱中应用最为广泛。据统计,它占整个 HPLC 应用的 80%左右。相反,如流动相的极性比固定相小,被称为正相 HPLC,常用于分离中等极性和极性较强的化合物(如酚类、胺类、羰基类及氨基酸类等)。

9.1.3　离子交换色谱

离子交换色谱是根据不同样品离子与固定相(离子交换树脂)离子基团亲和力的差异而进行分离的一种色谱方法。固定相可用阳离子交换剂和阴离子交换剂或键合相的离子交换剂。流动相多采用盐类的缓冲溶液,通过改变流动相的 pH 值、离子强度,或加入有机溶液、配位剂等改变固定相的选择性,以获得样品的良好分离。离子交换色谱法主要用于分析有机酸、氨基酸、多肽及核酸。

9.1.4　离子色谱

离子色谱是将色谱法的高效分离技术和离子的自动检测技术相结合的一种分析技术。物质在离子交换柱上或涂渍离子交换剂的纸上进行离子交换反应,由于它所含有的离子特性的差异,产生不同的迁移而得以分离,再配以适当的检测器进行检测。它具有以下优点:同时测定多组分的离子化合物,分析灵敏度高,重现性好,选择性好,分析速度快。根据分离机理的不同可分为双柱抑制型离子色谱法、单柱非抑制型离子色谱法、流动相离子色谱法和离子排斥色谱法。

用于离子色谱法的检测器有电导检测器,紫外-可见光度检测器、荧光光度检测器、安培检测器等。离子色谱定性定量分析和一般色谱法相似,具有多组分同时测定的能力,但是需要标准物质对照。

离子色谱已广泛应用于化学、能源、环境、电子工业、电镀、食品、地质、水文、医疗卫生、造纸、石油化工、纺织等领域的各种分析,尤以阴离子分析具有独到之处。

9.1.5 凝胶色谱

凝胶色谱是根据样品分子的尺寸不同而达到分离,因而凝胶色谱又常被称为体积排阻或空间排阻色谱,常用于分离高分子化合物,如组织提取物、多肽、蛋白质、核酸等。

凝胶色谱是以多孔性填料作固定相。样品分子的分离受填料孔径的影响,比填料孔径大的样品分子不能进入填料的孔内,最先流出色谱柱;填料颗粒上有很多不同尺寸的孔,在那些可以进入填料孔内的样品分子中,体积较大的样品分子可以利用的孔少,所以样品分子按体积从大到小的顺序依次流出色谱柱。在凝胶色谱中,流动相的作用不是为了参与分离,而是为了溶解样品或减小流动相黏度。

9.2 仪器结构

高效液相色谱仪主要有分析型、制备性和专用型三类。一般由五个部分组成:高压输液系统(高压输液泵)、进样系统(进样器)、分离系统(色谱柱)、检测系统(检测器)和数据处理系统(工作站)。高效液相色谱仪现在多做成单元组件,然后根据分析要求将各所需单元组件组合起来。根据需要还可配置自动进样系统、流动相在线脱气装置和自动控制系统等。图9-1是普通配置的高效液相色谱仪的示意图。输液泵将流动相以稳定的流速(或压力)输送至分析体系,在色谱柱之前通过进样器将样品导入,流动相将样品带入色谱柱,在色谱柱中各组分被分离,并依次随流动相流至检测器,检测到的信号送至工作站记录、处理和保存。

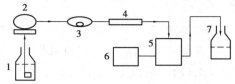

图9-1　高效液相色谱仪的构造示意图

1—流动相;2—输液泵;3—进样器;4—色谱柱;5—检测器;6—工作站;7—废液瓶

9.2.1 高压(输液)泵

高压泵的作用是将流动相以稳定的流速(或压力)输送到色谱系统。其稳定性直接关系到分析结果的重现性、精度和准确性。因此其流量变化通常要求小于 0.5% 。流动相流过色谱柱时会产生很大压力,高压泵通常要求能耐 40~60 MPa 的高压。

9.2.2　进样器

现代的液相色谱仪几乎都采用耐高压、重复性好和操作方便的阀进样器。最常用的是六通阀进样器,进样体积由定量管确定,通常使用的是 10、20 和 50 μL 体积的定量管。进样器的结构如图 9-2 所示。操作时先将阀柄置于采样位置(load),这时进样口只与定量管接通,处于常压状态,用微量注射器(体积应大于定量管体积)注入样品溶液,样品停留在定量管中。将进样器阀柄转动 60° 至进样位置(inject)时,流动相与定量管接通,样品被流动相带到色谱柱中。

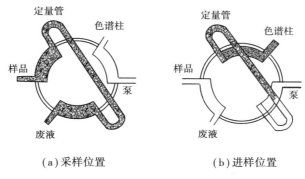

（a）采样位置　　　　　　（b）进样位置

图 9-2　六通阀微量进样器工作原理

9.2.3　色谱柱

色谱柱是实现分离的核心部件,要求柱效高、柱容量大和性能稳定。最常用的分析型色谱柱是内径 4.6 mm,长 100~300 mm 的内部抛光的不锈钢管柱,内部填充 5~10 μm 粒径的球形颗粒填料。不同的物质在色谱柱中的保留时间不同,依次流出色谱柱进入检测器。为了保护色谱柱,通常在分析柱前再装一根短的前置柱。前置柱内填充物要求与分析柱完全一样。

9.2.4　检测器

检测器是用来连续检测经色谱柱分离后流出物的组成和含量变化的装置。它利用被测物的某一物理或化学性质与流动相有差异的原理,当被测物从色谱柱流出时,检测器把化学信号转化为可测量的电信号,以色谱峰的形式表现出来。

1）紫外-可见光检测器

紫外-可见光(UV-Vis)吸收检测器既有较高的灵敏度和选择性,也有很宽广的应用范围。由于 UV-Vis 对环境温度、流速、流动相组成等的变化不是很敏感,所以适用于梯度淋洗。用 UV-Vis 检测时,为了得到高的灵敏度,常选择被测物质能产生最大吸收的波长作检测波长,但为了选择性或其他目的也可适当牺牲灵敏度而选择吸收稍弱的波长,另外,应尽可能选择在检测波长下没有背景吸收的流动相。

二极管阵列 UV-Vis 检测器可以瞬间实现紫外-可见光区的全波长扫描,同时得到时间-波长-吸收强度三维色谱图。它可与色谱工作站联用获得样品纯度的信息。

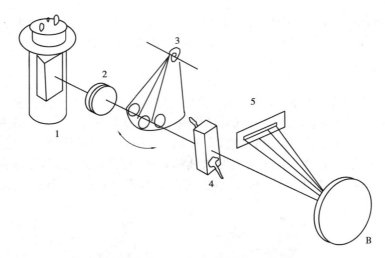

图 9-3 紫外-二极管阵列检测器示意图

1—氘灯;2—消色差透镜;3—斩光器;4—流通池;5—光电二极管阵列;6—全息光栅

2）示差折光检测器

示差折光检测器也称折射指数检测器（RI），是一种通用型检测器。凡是与流动相的折射率有差别的被测物都可以采用 RI 检测。在多数情况下，被测物与流动相的折射率都有差异，所以 RI 检测器应用范围很广，特别是在凝胶色谱中应用较多。但与其他检测方法相比，灵敏度要低 1~3 个数量级。因为折射率对温度的变化非常敏感，所以难用于梯度洗脱。

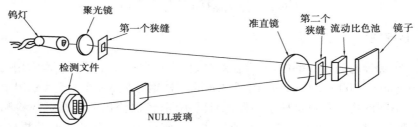

图 9-4 示差折光检测器示意图

3）荧光、化学发光检测器

许多有机化合物，特别是芳香族化合物、生化物质，如有机胺、维生素、激素、酶等，被一定强度和波长的紫外光照射后，发射出较激发光波长长的荧光。荧光强度与激发光强度、量子效率和样品浓度成正比。有的有机化合物虽然本身不产生荧光，但可以与发荧光物质反应，衍生化后检测。荧光检测的最大优点是有非常高的灵敏度和良好的选择性，灵敏度要比紫外检测器高 2~3 个数量级，而且所需样品量很小，特别适合于药物和生物化学样品的分析。

化学发光的原理是基于某些物质在常温下进行化学反应，生成处于激发态的反应中间体或反应产物，当它们从激发态返回基态时发射出光子，因为物质激发态的能量来自化学反应，故称化学发光。化学发光检测器结构简单、价格便宜，而且灵敏度和选择性都很高，是一种有实用价值的检测方法。

4）电化学检测器

电化学检测器是利用物质的电活性,通过电极上的氧化或还原反应进行检测。电化学检测有很多种,如电导、安培、库仑、极谱、电位等,应用较多的是安培检测器。电化学检测器对流动相的限制较严格,电极污染常造成重现性差等缺点,所以一般只用于检测那些既没有紫外吸收又不产生荧光但有电活性的物质。

9.2.5　工作站

工作站可在线模拟显示所有分析过程,自动采集数据、处理和储存,并能实现分析过程中仪器的自动控制。如果设置好有关分析条件和参数,可以自动给出最终分析报告。

9.3　实验技术

9.3.1　分离方式的选择

高效液相色谱的分离方式非常多,对于一个待测样品首先应当考虑的因素是:样品的水溶性(脂溶性)、样品分子的极性(非极性)、分子的结构、相对分子质量的大小等。

9.3.2　流动相选择与处理

高效液相色谱流动相的选择取决于分离方式,对于吸附色谱常用的是正己烷、正庚烷等非极性溶剂,分离时需加入少量的极性溶剂,如异丙醇、甲醇等。对于反相色谱最常用的是乙腈、甲醇、水等,有时需加入某种修饰剂。流动相的选择还必须与选择的检测器相匹配。当选用紫外检测器时,作为流动相的溶剂中不能含有可能被检测波长吸收的杂质(注意每种溶剂的紫外截止波长)。例如,常用的乙腈溶剂,常含有少量的丙酮、丙烯腈、丙烯醇和噁唑等化合物,产生较大的背景吸收,用前必须采用活性炭或酸性氧化铝吸附纯化。

不论选用何种溶剂作流动相,首先必须用 0.45 μm 的微孔滤膜过滤,以防不溶物磨损高压泵和堵塞流路、色谱柱等。过滤后应对流动相进行脱气处理,否则溶解在溶剂中的气体形成的气泡进入检测器后会引起尖锐的噪音峰,严重时影响系统的稳定性,不能正常分析。常用的脱气方式有超声波振荡法、He 鼓泡置换法、在线真空脱气法等。

9.3.3　流动相洗脱方式

在高效液相色谱中流动相有两种洗脱方式。一种是等强度洗脱,即流动相组成不随分析时间变化,始终是均一的流动相洗脱,这种方式适合于较简单的样品分析。对于复杂的样品需采用梯度洗脱的方式(类似于气相色谱中程序升温的作用),即在分离过程中按设置的时间程序改变流动相的组成,目的是逐渐增加流动相的洗脱能力,使色谱柱中保留强度大的组分在流动相中的溶解度增加,从而迅速流出色谱柱,缩短分析时间。梯度洗脱的方式可以是线性的或非线性的,可以是二元的或多元的,视欲分析的样品而定。

9.3.4 衍生化技术

衍生化就是将用通常检测方法不能直接检测或检测灵敏度低的物质与某种试剂（衍生化试剂）反应,使之生成易于检测的化合物。按衍生化的方式可分为柱前衍生和柱后衍生。柱前衍生是将被测物转变成可检测的衍生物后,再通过色谱柱分离。这种衍生可以是在线衍生,即将被测物和衍生化试剂分别通过两个输液泵送到混合器里混合并使之立即反应完成,随之进入色谱柱;也可以先将被测物和衍生化试剂反应,再将衍生产物作为样品进样;还可以在流动相中加入衍生化试剂。柱后衍生是先将被测物分离,再将从色谱柱流出的溶液与反应试剂在线混合生成可检测的衍生物,然后导入检测器。衍生化不仅使分析体系复杂化,而且需要消耗时间,因此,只有在找不到方便而灵敏的检测方法或为了提高分离和检测的选择性时才考虑用衍生化法。常见的紫外衍生化和荧光衍生化实例见表 9-1 和表 9-2。可见光衍生化主要应用于过渡金属离子的检测,将过渡金属离子与显色剂反应,生成有色的配合物、螯合物或离子缔合物后用可见光检测。

表 9-1 紫外衍生化和荧光衍生化实例

化合物类型	衍生化试剂	最大吸收波长/nm	$\varepsilon_{254}/L \cdot (mol \cdot cm)^{-1}$
RNH_2 及 $RR'NH$	2,4-二硝基氟苯	350	$>10^4$
	对硝基苯甲酰氯	254	$>10^4$
	对甲基苯磺酰氯	254	10^4
$HOOC-RCH-NH_2$	异硫氰酸苯酯	244	10^4
$RCOOH$	对硝基苄基溴	265	6.2×10^3
	对溴代苯甲酰甲基溴	260	1.8×10^4
	萘酰甲基溴	248	1.2×10^4
ROH	对甲氧基苯甲酰氯	262	1.6×10^4
$RCOR'$	2,4-二硝基苯肼 对硝基苯甲氧胺盐酸盐	254	6.2×10^3

注:ε_{254} 表示 254 nm 处的摩尔吸光系数。

表 9-2 荧光衍生化实例

化合物类型	衍生化试剂	激发波长/nm	发射波长/nm
RNH_2 及 $\underset{\mid COOH}{RCH-NH_2}$	邻苯二甲醛	340	455
	荧光胺	390	475
α-氨基羧酸、伯胺、仲胺、苯胺、醇	丹酰氯	350~370	490~530
α-氨基羧酸	吡哆醛	332	400
$RCOOH$	4-溴甲基-7-甲氧基香豆素	365	420
$RR^2C=O$	丹酰肼	340	525

9.4　实验部分

实验 1　高效液相色谱法测定健胃消食片中橙皮苷

一、实验目的

①了解液相色谱仪的结构、性能及使用方法；

②掌握液相色谱分离分析的方法；

③熟悉液相色谱仪的使用；

④掌握用微量注射器进样的技术。

二、实验原理

健胃消食片是以陈皮、山楂、山药、太子参、麦芽(炒)此五味药为处方而制成的,具有健胃消食的作用,用于脾胃虚弱所致的食积症。橙皮苷是其质量控制的关键指标之一。

检测波长的选择,并对橙皮苷的甲醇液在 200～400 nm 波长范围内进行扫描,橙皮苷在 283 nm 处有最大吸收,故选定测定波长为 283 nm。橙皮苷的结构式如图9-5 所示。

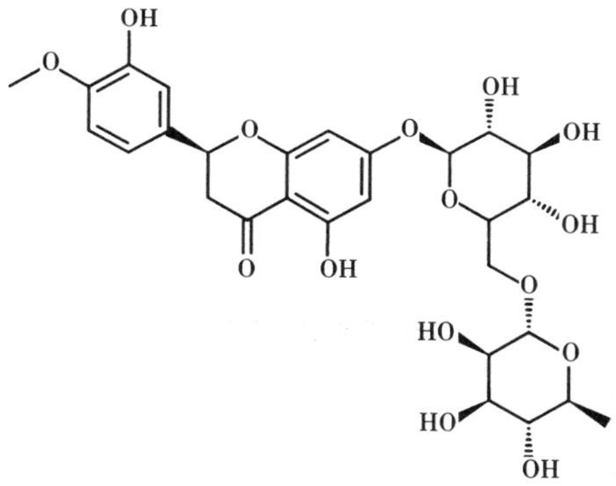

图 9-5　橙皮苷的结构式

三、仪器与试剂

1)仪器

日本岛津高效液相色谱仪(LC-20AT 泵,SPD-20A 型检测器);电子分析天平。

2)试剂与材料

分析纯甲醇;色谱纯甲醇、橙皮苷(中国药品生物制品鉴定所,供含量测定用);有机系针头滤器滤头(13 mm×0.45 μm),水系微孔滤膜(25 mm×0.45 μm);滤膜溶剂过滤器、抽滤装置;实验用水均为去离子水。

3)样品

健胃消食片。

四、实验步骤

1）样品制备

取样品20片,研细,取约4 g,精密称定,精密加入甲醇25 mL,称定重量。水浴上加热回流1 h,放冷,再称定重量,用甲醇补足减失的重量,摇匀,滤过,精密量取续滤液5 mL,置10 mL量瓶中,加水稀释至刻度,摇匀,滤过,取续滤液,即得。

2）色谱条件

色谱柱Kromasil100-5C18,4.6 mm×250 mm,5 μm;

流动相:甲醇:水(40:60);

流速:1 mL/min;

检测波长:283 nm;

柱温:35 ℃;

进样量:10 μL;理论塔板数按橙皮苷峰计算应不低于3 000。

3）流动相准备

制备所需的流动相,有机溶剂用0.45 μm的有机滤膜过滤,水溶液用0.45 μm的水滤膜过滤,于超声波发生器上脱气20 min。同样将配置好的分析试样分别过滤后于超声波发生器上脱气15 min。

4）对照品溶液的制备

取橙皮苷对照品15.0 mg,精密称定,置100 mL量瓶中,加甲醇稀释至刻度,摇匀,精密量取2 mL,置10 mL量瓶中,加50%甲醇稀释至刻度,摇匀,即得(每1 mL中含陈皮苷30 μg)。

5）样品测定

同条件下测定样品中陈皮苷。

五、数据处理

1）橙皮苷对照品的HPLC分析

橙皮苷对照品溶液过0.45 μm的膜,取5 μL橙皮苷对照品溶液,注入液相色谱仪,按上述色谱条件进行HPLC分析,结果如图9-6所示。由图可得到橙皮苷的保留时间。

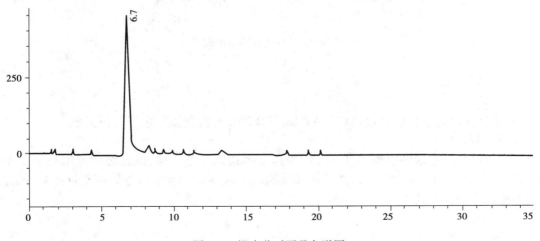

图9-6　橙皮苷对照品色谱图

2）样品的含量测定

供试品溶液过 0.45 μm 的膜,取 5 μL 注入供试品溶液注入液相色谱仪,按上述色谱条件进行 HPLC 分析,结果如图 9-7 所示。由图可得到样品中各组分的保留时间。

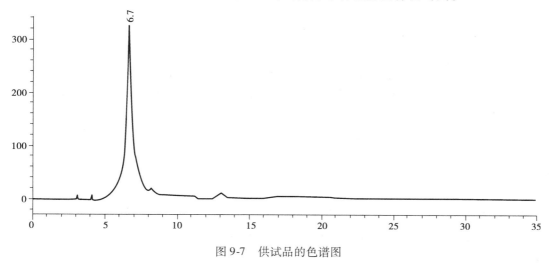

图 9-7　供试品的色谱图

六、思考题

①解释用反相柱(ODS)测定橙皮苷的理论基础。

②流动相的极性对橙皮苷出峰时间的影响是什么?

实验 2　高效液相色谱法测定饮料中咖啡因含量

一、实验目的

①进一步熟悉和掌握高效液相色谱议的结构;

②巩固对反相液相色谱原理的理解及应用;

③掌握外标法定量及 Origin 软件绘制标准曲线。

二、实验原理

咖啡因又称咖啡碱,属于黄嘌呤衍生物,化学名为 1,3,7-三甲基黄嘌呤,是从茶叶或咖啡中提取的一种生物碱。它能兴奋大脑皮层,使人精神亢奋。咖啡因在咖啡中的含量为 1.2% ~ 1.8%,在茶叶中为 2.0% ~4.7%。可乐饮料、止痛药片等均含咖啡因。咖啡因的分子式为 $C_8H_{10}O_2N_4$,结构式如图 9-8 所示。

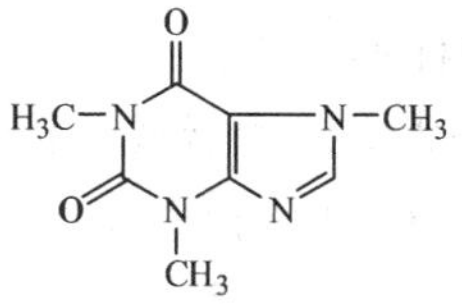

图 9-8　咖啡因分子结构

在化学键合相色谱中,对于亲水性的固定相常采用疏水性流动相,即流动相的极性小于固定相的极性,这种情况称为正相化学键合相色谱法。反之,若流动相的极性大于固定相的极性,则称为反相化学键合相色谱法,该方法目前的应用最为广泛。本实验采用反相液相色谱法,以 C_{18} 键合相色谱柱分离饮料中的咖啡因,紫外检测器进行检测,以咖啡因标准系列溶液的色谱峰面积对其浓度作标准曲线,再根据试样中的咖啡因峰面积,由其标准曲线算出其浓度。

三、仪器和试剂

1）仪器

LC-20A 高效液相色谱仪（日本岛津）；紫外检测器。

2）试剂与材料

甲醇、咖啡因均为分析纯；甲醇色谱纯；有机系针头滤器滤头（13 mm ×0.45 μm），水系微孔滤膜（25 mm ×0.45 μm）；10 μL 微量注射器；滤膜溶剂过滤器、抽滤装置；实验用水均为去离子水。

3）样品

市售的可口可乐和百事可乐。

四、实验步骤

1）溶液配制

咖啡因标准贮备液：配制含咖啡因 1 000 μg/mL 的甲醇溶液（实验室准备）。

咖啡因标准系列溶液：用上述贮备液配置含咖啡因 10,20,40,50,60 μg/mL 的甲醇溶液，备用。

2）样品制备

将市售雪碧饮料用超声波清洗仪超声脱气，准确吸取雪碧样品 15.00 mL 用 0.45 μm 滤膜过滤备用。

3）色谱条件

色谱柱（XDB-C_{18}）颗粒度为 5 μm 的固定相，长 150 mm，内径 4.6 mm；

流动相：甲醇：水 =60:40；流量：0.5 ~ 1 mL/min；270 nm 检测；

进样量：10 μL。

4）流动相准备

制备所需的流动相，有机溶剂用 0.45 μm 的有机滤膜过滤，水溶液用 0.45 μm 的水滤膜过滤，于超声波发生器脱气 20 min。同样将配置好的分析试样分别过滤后于超声波发生器脱气 15 min。

5）开机

①打开 A 泵、B 泵、检测器、柱温箱及电脑的电源开关。根据分析要求设定柱温箱的温度，没有柱温要求的，设为 25 ℃。

②待检测器波长检测。当仪器出现"CHECK GOOD"，仪器自检完成。此时打开 A 泵、B 泵的［DRAIN］阀，用脱气后的流动相依次进行 purge。关闭 A 泵、B 泵的［DRAIN］阀。

③清洗进样阀。用脱气后的流动相在进样阀的"LOAD"状态及"INJECT"状态下来回几次彻底清洗，清洗后进样阀停留到"LOAD"状态。

④根据分析要求，在 A 泵按［func］输入流量按［enter］确认，按［conc］输 B 泵的浓度按［enter］确认后按［CE］返回初始界面，开始泵的运行。

6）测定

（1）标样的测定

待仪器稳定后，按标准溶液浓度递增的顺序，由稀到浓依次等体积进样 10 μL（每个标样重复进样 3 次），准确记录各自的保留时间。

（2）样品测定

同样取 10 μL 待测饮料试液进色谱分析（重复 3 次），准确记录各个组分的保留时间。

五、实验数据及处理

①处理色谱数据，将标准溶液及试样中咖啡因的保留时间及峰面积（3 次平均值）列于表 9-3 中。

表 9-3　实验数据

	保留时间 t_R/min	峰面积 A/mV·s
标准溶液 10 μg/mL		
标准溶液 20 μg/mL		
标准溶液 40 μg/mL		
标准溶液 60 μg/mL		
标准溶液 80 μg/mL		
标准溶液 100 μg/mL		
可口可乐		
百事可乐		

②用 Origin 软件绘制咖啡因峰面积-质量浓度的标准曲线，并计算回归方程和相关系数。

③根据试样溶液中咖啡因的峰面积值，计算可口可乐和百事可乐中咖啡因的质量浓度。

六、思考题

①解释用反相柱（ODS）测定咖啡因的理论基础。

②能否用离子交换色谱柱测定咖啡因？为什么？

实验 3　外标法测定阿莫西林

一、实验目的

①掌握外标法的实验步骤和计算方法；

②了解阿莫西林色谱法测定方法。

二、实验原理

阿莫西林为 β-内酰胺类抗生素，其结构式如图 9-9 所示。《中国药典》（2010 年版）规定其表示量的百分含量不得少于 95%。阿莫西林的分子结构中的酰胺侧链为氢苯基取代，具有紫外吸收特征，因此可用紫外检测器检测。此外，分子中有一羧基，具有较强的酸性，因此使用 pH 值小于 7 的缓冲溶液为流动相，采用色谱法进行测定。

外标法常用于测定药物主要成分或某个杂质的含量。其是以待测组分的纯品作对照品，

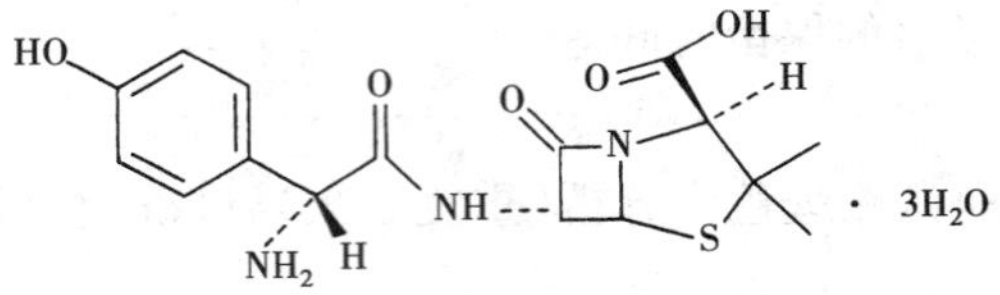

图 9-9 阿莫西林的分子结构

以对照品和试样中待测组分的峰面积相比较进行定量分析。外标法包括工作曲线法和外标一点法,在工作曲线的截距近似为零时,可用外标一点法。

进行外标一点法定量时,分别精密称(量)取一定量的对照品和试样,配置成溶液,分别进样相同体积的对照品溶液和试样溶液,在相同的色谱条件下,进行色谱分析,测得峰面积。用下式计算试样中待测组分的量或浓度

$$m_i = (m_i)_s \times \frac{A_i}{(A_i)_s} \text{ 或 } c_i = (c_i)_s \times \frac{A_i}{(A_i)_s}$$

式中,m_i,$(m_i)_s$,A_i,$(A_i)_s$,c_i,$(c_i)_s$ 分别为试样溶液中待测组分和对照品溶液中对照品的量、峰面积、浓度。

三、仪器和试剂

1)仪器

高效液相色谱仪;C_{18} 色谱柱;紫外检测器;pH 计。

2)试剂与材料

阿莫西林对照品;磷酸二氢钾、氢氧化钾均为分析纯;乙腈色谱纯;有机系针头滤器滤头(13 mm×0.45 μm),水系微孔滤膜(25 mm×0.45 μm);20 μL 微量注射器;滤膜溶剂过滤器、抽滤装置;实验用水均为去离子水。

3)样品

阿莫西林试样(原料药或胶囊)。

四、实验步骤

1)溶液配制

(1)磷酸盐缓冲溶液

磷酸二氢钾 13.6 g,用水溶解后稀释到 2 000 mL,用 2 mol/L 氢氧化钾调节 pH 值至 5.0±0.1。

(2)对照品溶液的配制

取阿莫西林对照品约 25 mg,精密称量,置 50 mL 量瓶中,加流动相溶解并稀释至刻度,摇匀。

(3)试样溶液的配制

取阿莫西林试样 25 mg,精密称量,按上法配制试样溶液。

2)色谱条件

色谱柱:C_{18} 柱(150 nm×4.6 mm,5 μm);

流动相:0.05 mol/L 磷酸盐缓冲溶液(pH 值 5.0)-乙腈(97:3)(此比例可根据所使用的色谱柱性能进行适当调节);

流速:1.0 mL/min;

检测波长:254 nm;

柱温:室温。

3)流动相准备

制备所需的流动相,有机溶剂用 0.45 μm 的有机滤膜过滤,水溶液用 0.45 μm 的水滤膜过滤,于超声波发生器脱气 20 min。同样将配置好的分析试样分别过滤后于超声波发生器脱气 15 min。

4)进样分析

用微量进样器分别取对照品溶液和试剂溶液,各进样 20 μL,记录色谱图,重复测定 3 次。

五、结果计算

以色谱峰面积计算试样中阿莫西林的量,再根据试样量 m 计算含量

$$m_i = (m_i)_s \times \frac{A_i}{(A_i)_s}$$

$$\omega(\%) = \frac{m_i}{m} \times 100\%$$

六、注意事项

外标一点法误差的主要来源于进样量的精确与否,所以为保证进样准确,进样时必须多吸取一些溶液,使溶液完全充满 20 μL 的定量环。

七、思考题

①工作曲线的截距较大时,能否用外标一点法定量?应该用什么方法定量?

②此实验为什么采用含有 pH 值 5.0 缓冲溶液的流动相?

实验 4　离子色谱法测定常见阴离子的含量

一、实验目的

①学习离子色谱分析的基本原理及其操作方法;

②了解常见阴离子的测定方法;

③了解微膜抑制器的工作原理。

二、实验原理

不同阴离子(如 F^-,Cl^-,NO_3^-,NO_2^-,SO_4^{2-},PO_4^{3-})等与低交换容量的阴离子树脂亲和力不同,使之得以分离,利用微膜抑制器,可提高电导检测的灵敏度,使微量阴离子得到准确显示,从而根据峰高或峰面积测出相应含量。

三、仪器与试剂

1)仪器

离子色谱仪 EASY2000;EASY 色谱数据工作站;超声波发生器;恒流泵。

2）试剂与材料

NaF，KCl，K_2SO_4，$NaNO_3$，NaH_2PO_4，Na_2CO_3，$NaHCO_3$ 等均为优级纯；其电导率 <5 ms/cm；1 mL 注射器；水系微孔滤膜（25 mm × 0.45 μm）；滤膜溶剂过滤器、抽滤装置；实验用水均为去离子水。

四、实验步骤

1）溶液配制

（1）五种阴离子标准贮备液的配制

分别称取适量的 NaF，KCl，K_2SO_4 于 105 ℃下烘干 2 h，保存在干燥器内；$NaNO_3$，NaH_2PO_4 干燥器内干燥 24 h 以上，分别溶于水中，转移到 1 000 mL 容量瓶中，然后各加入 10.00 mL 洗脱贮备液，并用水稀释至刻度，摇匀备用。五种标准贮备液中各阴离子的浓度均为 1.00 mg/mL。

五种阴离子的标准混合使用液的配制：分别吸取上述五种标准贮备液，体积如表 9-4 所示，于同一个 100 mL 容量瓶中，再加入 1.00 mL 洗脱贮备液，然后用水稀释至刻度，摇匀。

表 9-4　五种标准贮备液吸取体积

标准贮备液	F^-	Cl^-	NO_3^-	SO_4^{2-}	$H_2PO_4^-$
V/mL	0.30	0.50	1.00	2.50	2.50

（2）各阴离子标准使用液

吸取上述五种阴离子标准贮备液各 0.50 mL，分别置于 5 只 50 mL 容量瓶中，各加入洗脱贮备液 0.50 mL，加水稀释至刻度，摇匀，即得各阴离子标准使用液。

（3）洗脱贮备液（$NaHCO_3$-Na_2CO_3）的配制

分别称取一定量的 $NaHCO_3$ 和 Na_2CO_3 于 105 ℃下烘干 2 h，并保存在干燥器内，溶于水中，并转移到 100 mL 容量瓶中，用水稀释至刻度，摇匀，该洗脱贮备液中 $NaHCO_3$ 和 Na_2CO_3 浓度为色谱柱所需浓度。

（4）洗脱使用液（即洗脱液）的配制

吸取上述洗脱贮备液 10.00 mL 于 1 000 mL 容量瓶中，用水稀释至刻度，摇匀，用 0.45 μm 的微孔滤膜过滤，即得 0.003 1 mol/L $NaHCO_3$-0.002 4 mol/L Na_2CO_3 的洗脱液，备用。

2）色谱条件

YSA8 型分离柱；抑制器，抑制电流 80～90 mA；洗脱液（$NaHCO_3$-Na_2CO_3）流量：1.5～2.0 mL/min；进样量 200 μL。

3）开机测定

打开电源，开启平流泵电源，流量调至 1.5 mL/min。测压，打开电导检测器，按下调零按钮，打开 EASY 数据工作站，按操作指南使用该色谱仪数据工作站。

4）进样

将仪器调至进样状态，吸取 1 mL 各阴离子标准使用液进样，再把旋钮打至分析状态，同时启动开始键，样品开始进行分析，记录色谱图，各样品重复进样两次。

5）工作曲线的绘制

分别吸取阴离子标准混合使用液 1.00，2.00，4.00，6.00，8.00 mL 于 5 只 10 mL 容量瓶

中,各加入 0.1 mL 洗脱贮备液,然后用水稀释到刻度,摇匀,分别吸取 1 mL 进样,记录色谱图,各溶液分别重复进样两次。

6)样品测定

取未知水样 1.00 mL,加 0.10 mL 洗脱贮备液,稀释至 10 mL,摇匀,取 0.20 mL 按同样实验条件进样,记录色谱图,重复进行两次。

五、数据处理

①分别绘制各标准的工作曲线。

②计算出未知液中各组分的含量。

③打印分析结果和色谱图。

六、思考题

①电导检测器为什么可用作离子色谱分析的检测器?

②为什么在每一试样溶液中都要加入 1% 的洗脱液成分?

第 10 章
气相色谱-质谱分析法

从 J. J. Thomson 研制成第一台质谱仪,到现在已经有近 100 年了。早期的质谱仪主要用来进行同位素测定和无机元素分析。20 世纪 40 年代后开始用于有机物分析,60 年代出现了气相色谱-质谱联用仪,使质谱仪的应用领域发生了巨大变化,开始成为有机物分析的重要仪器。计算机的应用又使质谱方法发生了飞跃性的变化,使其技术更加成熟,应用更加方便。80 年代又出现了一些新的技术,如基质辅助激光解吸电离源、快原子轰击电离子源、电喷雾电离源、大气压化学电离源,以及随之而来的液相色谱-质谱联用仪、感应耦合等离子体质谱仪、傅里叶变换质谱仪等。这些新的电离技术和新的质谱仪,使质谱分析取得了长足发展。目前,质谱分析法已广泛应用于化学、化工、材料、环境、地址、能源、药物、医学等各个领域。

目前,质谱仪从应用角度可以分为有机质谱仪、无机质谱仪、同位素质谱仪和气体分析质谱仪。其中,有机质谱仪种类最多,应用最广泛。有机分析的质谱仪又分为气相色谱-质谱仪、液相色谱-质谱仪和基质辅助激光解吸-飞行时间质谱仪。本章只介绍气相色谱-质谱联用(GC-MS)的实验技术。

10.1 基本原理

质谱分析法主要是通过对样品离子的荷质比的分析来实现样品定性和定量的一种分析方法。因此,任何质谱仪都必须有电离装置,把样品电离为离子,有质量分析装置把不同质荷比的离子分开,再经过检测器检测之后,得到样品分子(或原子)的质谱图。样品的质谱图包含样品定性和定量的信息。对样品的质谱图进行处理,可以得到样品定性和定量的分析结果。

对某一未知有机物进行定性分析,可以将该未知化合物以一定的进样方式(直接进样或通过色谱仪进样)进入质谱仪,在质谱仪离子源中,化合物被电子轰击,电离成分子离子和碎片离子,这些离子在质量分析器中按质荷比大小顺序分开,经电子倍增器检测,即可得到化合物的质谱图。

质谱图的横坐标是质荷比,纵坐标是离子强度。离子的绝对强度取决于样品量和仪器灵敏度,离子的相对强度和样品分子结构有关。一定的样品,在一定的电离条件下得到的质谱图是相同的,这是质谱图进行有机物定性分析的基础。目前,进行有机分析的质谱仪的数据系统都存有十几万到几十万个化合物的标准质谱图,得到一个未知物的质谱图后,可以通过计算机进行库检索,查得该质谱图所对应的化合物。这种方法方便、快捷。但如果质谱库中没有这种化合物或得到的质谱图有其他组分干扰,检索常会给出错误结果,因此必须辅助以其他定性方式才能确定。

10.2　仪器结构

气相色谱-质谱仪(GC-MS)主要由 3 部分组成:色谱部分、质谱仪部分和数据处理系统。

10.2.1　色谱部分

色谱部分和一般的色谱仪基本相同,包括柱箱、气化室和载气系统。除特殊需要,多数不再装检测器,而是将质谱仪作为检测器。此外,在色谱部分还带有分流/不分流进样系统,程序升温系统,压力、流量自动控制系统等。色谱部分的主要作用是分离,混合物样品在合适的色谱条件下被分离成单个组分,然后进入质谱仪进行鉴定。色谱仪是在常压下工作,而质谱仪需要高真空,因此,如果色谱仪使用填充柱,必须经过一种接口装置——分子分离器,将色谱载气去除,使样品气进入质谱仪。如果色谱仪使用毛细管柱,因为毛细管中载气流量比填充柱小得多,不会破坏质谱仪真空,可以将毛细管直接插入质谱仪离子源。

10.2.2　质谱仪部分

质谱仪部分是 GC-MS 的核心部分,它的主要作用是将经气相色谱分离的有机组分进行检测。质谱仪种类很多,但是不管是哪种类型的质谱仪,其基本组成是相同的,都包括离子源、质量分析器、检测器和真空系统。下面以 HP5973 型 GC-MS 为例,说明 GC-MS 的结构。

1)离子源

离子源的作用是将化合物电离得到其离子,它主要由电离盒、灯丝和电子接收极组成。图10-1 是 GC-MS 的离子源示意图。

由 GC 进入离子源的样品与灯丝发出的电子发生碰撞,使样品分子电离,产生的离子进入质量分析器。一般情况下,灯丝发出的电子能量为 70 eV。在 70 eV 电子的碰撞作用下,有机物分子可能被打掉一个电子形成分子离子,也可能会发生化学键的断裂形成碎片离子。分子离子和化合物的相对分子质量对应,碎片离子与化合物的结构相关。

2)质量分析器

用于质谱仪的质量分析器种类很多。GC-MS 的质量分析器多用四极杆分析器,也有使用离子阱或飞行时间分析器的。HP5973 使用的是四极杆分析器。它由 4 根棒状镀金陶瓷电极组成。相对两根电极施加电压$(V_{dc} + V_{rf})$,另外两根电极施加电压 $-(V_{dc} + V_{rf})$。其中,V_{dc} 为直流电压,V_{rf} 为射频电压。4 个棒状电极组成一个四极电场。四极杆分析器的示意图如图10-2所示。

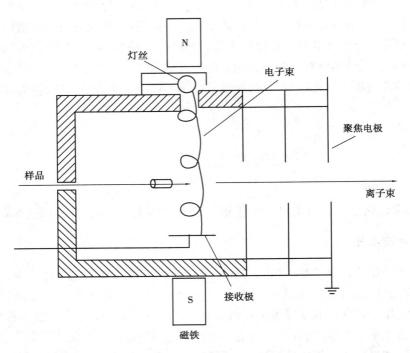

图 10-1　GC-MS 的离子源示意图

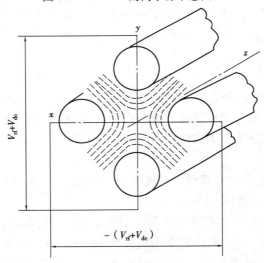

图 10-2　四级杆分析器示意图

离子从离子源进入四极场后,在场的作用下产生振动,数学计算表明,在保持 V_{rf}/V_{dc} 不变的情况下,对应于一个特定的 V_{rf} 值,四极场只允许一种质荷比的离子通过,到达检测器被检测。其余离子的振幅不断增大,最后碰到四极杆而被吸收。改变 V_{rf} 值,可以使另外质荷比的离子顺序通过四极场实现质量扫描。设置扫描范围实际上是设置 V_{rf} 的变化范围。当 V_{rf} 由一个值变化到另一个值时,检测器检测到的离子就会从 m_1 变化到 m_2,即得到一个 m_1 到 m_2 的质谱。该质谱被送到计算机储存。V_{rf} 的变化速度是可调的,因此可以人为地设置一次扫描所用的时间(即扫描时间)。

V_{rf}的变化可以是连续的,也可以是跳跃式的。所谓跳跃式扫描是只检测某些质量的离子,故称为选择离子扫描。当样品量很少,而且样品中特征离子已知时,可以采用选择离子扫描。这种扫描方式灵敏度高,通过选择适当的离子可以消除两组分间的干扰,适合于定量分析。但因为这种扫描方式得到的质谱不是全谱,因此不能进行质谱库检索。

3)检测器

质谱仪的检测器主要使用电子倍增器,也有的使用光电倍增器。由分析器来的离子打到电子倍增器产生电信号,信号增益与倍增器电压有关,提高倍增器电压可以提高仪器灵敏度,但同时会降低倍增器的寿命,因此,应该在保证仪器灵敏度的情况下采用尽量低的倍增器电压。由倍增器出来的电信号被送入计算机储存,这些信号经计算机处理后可以得到总离子色谱图、质谱图和其他各种信息。

4)真空系统

为了保证离子源中灯丝的正常工作,保证离子在离子源和分析器中正常运动,消减不必要的离子碰撞、散射效应、复合反应和离子-分子反应,减小本底与记忆效应,质谱仪的离子源和分析器都必须处在真空中工作,因此,质谱仪都必须有真空系统。一般真空系统包括机械真空泵、扩散泵和涡轮分子泵。由于扩散泵启动慢,并且有时有油本底干扰,因此,目前涡轮分子泵使用比较普遍。

10.2.3　质谱联用仪器

气相色谱是很好的分离装置,但不能对化合物定性,质谱仪是很好的定性分析仪器,但要求纯样品。将色谱与质谱联合起来,就可以使分离和鉴定同时进行,对于混合物的分析是一种比较理想的仪器,GC-MS 联用仪组成示意图如图 10-3 所示。

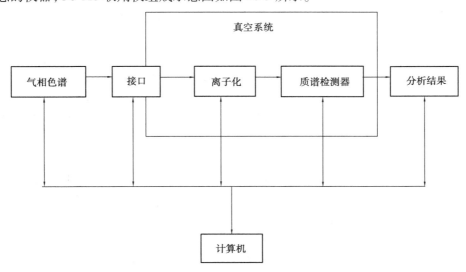

图 10-3　GC-MS 联用仪组成示意图

10.3 实验技术

10.3.1 GC-MS 分析条件的选择

1）色谱条件的选择

GC 分析条件与普通的气相色谱的条件设置相同，要根据样品情况进行设置。在分析样品之前应尽量了解样品的情况，如样品组分的多少、沸点范围、相对分子质量范围、化合物类型等。

（1）色谱柱的选择

一般情况下，如果样品组成简单，可以使用填充柱，样品组成复杂则一定要使用毛细管柱。根据样品类型，如极性、非极性和弱极性等选择色谱柱的固定相，极性组分选用极性固定相，非极性组分选用非极性固定相。柱长加长能增加塔板数，使分离度提高。但柱长过长，峰变宽，柱阻也增加，并不利于分离。

（2）气化室温度的选择

气化室温度取决于样品的挥发性、沸点及进样量，其可等于样品的沸点或稍高于沸点，以保证迅速全气化。但一般不超过沸点 50 ℃ 以上，以防样品分解。对于稳定性差的样品可用高灵敏度检测器，降低进样量，这时样品可在远低于沸点温度下气化。

（3）程序升温

在使最难分离的组分有符合要求的分离度的前提下，尽可能采用较低柱温。低柱温可增大分配系数，增加选择性，减少固定液流失，延长柱寿命及降低检测本底。但柱温降低，液相传质阻抗增加，而使峰扩张，柱温太低则拖尾，故以不拖尾为度。因此，可根据样品沸点来选择柱温。

分离高沸点样品（300～400 ℃），柱温可比沸点低 100～150 ℃。分离沸点 <300 ℃ 的样品，柱温可比平均沸点低 50 ℃ 至平均沸点的温度范围内。对于宽沸程样品（混合物中高沸点组分与低沸点组分的沸点之差称为沸程），需采取程序升温的方法。程序升温改善了复杂成分样品的分离效果，使各成分都能在较佳的温度下分离。程序升温还能缩短分析周期，改善峰形，提高环境监测中检测灵敏度。

（4）载气流量

载气流量直接影响色谱柱的塔板高度或分离效能。载气采用低线速时，宜用氮气为载气，高线速时宜用氢气（黏度小）。载气流量一般有最佳值，通过调整载气流量可以改善色谱分离度。填充柱流量一般为 10～30 mL/min，毛细管柱流量一般为 1 mL/min 左右。

2）质谱条件的选择

MS 分析条件的选择包括扫描范围、扫描速度、灯丝电流、电子能量、倍增器电压等。其中，灯丝电流、电子能量等已在仪器自动调整时设定好。

（1）扫描范围

扫描范围就是通过分析器的离子的质荷比范围，该值的设定取决于欲分析化合物的相对分子质量，应该使化合物所有的离子都在设定的扫描范围之内。例如，一个混合物样品，其最大相对分子质量为 350 左右,则扫描范围上限(高质量端)可设到 m/z 为 400 或 450,扫描下限(低质量端)可以从 m/z 15 开始,有时为了去掉水、氮、氧的干扰,也可以从 m/z 29 或 m/z 33 开始。

（2）倍增器电压

倍增器电压与仪器灵敏度有直接关系。在仪器灵敏度能够在满足要求的情况下应使用较低的倍增器电压,以保护倍增器,延长其使用寿命。

（3）溶剂去除时间

在进行 GC-MS 分析时,一般不希望大的溶剂峰出现在色谱图中,同时,溶剂在电离、质量分离和检测时会污染离子源、分析器和电子倍增器。因此,GC-MS 有一个去溶剂时间的设定,该时间设定之后,从进样到设定的时间之内,灯丝电流和倍增器电压一直为 0,此时,离子不会产生。过了设定时间之后,欲测组分的离子才开始产生并得到检测。这样,在总离子色谱图上不会出现溶剂峰,同时也保护了灯丝、质量分析器和倍增器。

10.3.2　GC-MS 提供的信息及相关分析技术

1）总离子色谱图

在一般 GC-MS 分析中,样品连续进入离子源并被连续电离,产生的离子进入质量分析器。质量分析器每扫描一次(比如 1 s),检测器就得到一个完整的质谱并送入计算机存储。样品浓度大,质谱峰就强,反之亦然。由于样品浓度随时间变化,因此,得到的质谱峰强度也随时间变化。如果一个组分从色谱柱开始流出到完全流出大约需要 10 s。计算机就会得到这个组分不同浓度下的 10 张质谱图。同时,计算机就把每张质谱的所有离子强度相加得到总离子强度。这些随时间变化的总离子强度所描绘的曲线就是样品总离子色谱图,其横坐标是保留时间或质谱扫描次数,纵坐标为离子强度。总离子色谱图中每个峰表示一个组分。它的外形和由一般色谱仪得到的色谱图是一样的。只要所用色谱柱相同,样品出峰顺序就相同。其差别在于,总离子色谱图所用的检测器是质谱仪,而一般色谱仪所用的检测器是氢焰、热导等。两种色谱图中各成分的校正因子不同。由总离子色谱图可以得到任一组分的质谱图,并且可以根据峰面积进行定量分析。

2）质谱图

由总离子色谱图可以得到任何一个组分的质谱图。对于一个色谱峰,在不同扫描数得到的质谱图是几乎相同的,但是为了提高信噪比,通常由色谱峰峰顶对应的扫描数得到质谱图。但如果两个色谱峰有相互干扰,质谱图应尽量选择在不发生干扰的位置,也可以通过扣本底消除其他组分的影响。由质谱图可以得到化合物的结构信息,可以通过库检索,进行定性分析。

3）库检索

GC-MS 的数据库中存有数十万个标准质谱图。得到未知化合物质谱图后,可以通过计算机检索对未知化合物进行定性分析。检索结果可以给出几个可能的化合物,并以匹配度大小顺序排列出这些化合物的名称、分子式、相对分子质量、结构式等。如果匹配度比较好,比如 90 以上(最好为 100),那么可以认为这个化合物就是欲求的未知化合物。不过在检索过程中要注意下面几个问题:①有时要检索的化合物在谱库中并不存在,但计算机也会挑选一些结构相近的化合物作为检索结果。计算机给出的结果匹配度可能都不太好,此时绝不能选一个匹配度相对好的作为检索结果,这样会造成错误。②由于本底影响、其他组分影响或色谱峰太弱造成质谱图质量不高,检索结果往往匹配度不高,不容易准确定性。遇到这种情况则需要尽量设法扣除本底,减少干扰,提高质谱图的质量,增加检索的可靠性。值得注意的是,检索结果只能看作一种可能性,匹配度大小只表示可能性大小,不能把库检索作为定性分析的唯一方法。

4)提取离子色谱图

总离子色谱图是将每个质谱的所有离子加合得到的色谱图,是总离子强度随时间的变化曲线。同样,计算机也可以给出质谱中任何一个质荷比的离子强度随时间的变化曲线,某一质荷比离子强度随时间的变化曲线称为质量色谱图或提取离子色谱图。由于提取离子色谱图是由一种质荷比的离子得到的,因此,若某化合物的质谱中不存在这种离子,该化合物也就不会出现色谱峰,这样,一个样品的提取离子色谱图可能只有几个甚至一个化合物出峰。利用这一特点可以识别具有某种特征的化合物,也可以通过选择不同质量的离子作提取离子色谱图,使正常色谱不能分开的两个峰实现分离,以便进行定量分析。由于提取离子色谱图是采用一种质量的离子作图,因此进行定量分析时,也要使用同一离子得到的提取离子色谱图进行标定或测定校正因子。

5)选择离子监测技术

一般扫描方式是连续改变 V_{rf} 使不同质荷比的离子顺序通过分析器到达检测器。选择离子监测(SIM)是对选定的离子进行跳跃式扫描。采用这种扫描方式可以提高检测灵敏度。其原因如下:假定正常扫描从 m/z $1 \sim 500$ 扫描时间为 1 s,那么每个质量扫过的时间为 $1/500 = 0.002$ s。如果采用选择离子监测方式,假定只扫 5 个特征离子,那么每个离子扫过的时间则为 $1/5 = 0.2$ s,是正常扫描时间的 100 倍。离子产生是连续的,扫描时间长则接收到的离子多,即灵敏度高。从上面的例子估计,选择离子扫描对特征离子的检测灵敏度比正常扫描要高大约 100 倍。由于这种方式灵敏度高,因此适用于量少且不易得到的样品分析。同时,通过适当选择离子,可以消除其他组分对待测组分的干扰,是进行微量成分定量分析常用的扫描方式,也可以利用这个技术对某类化合物进行监测。

10.3.3 定性分析和定量分析

1)定性分析

目前,GC-MS 定性分析主要依靠数据库检索进行。得到总离子色谱图之后,可以逐一对每个峰进行检索,得到样品的定性分析结果。但是,数据库中标准化合物数量有限,库中可能没有被检物,这样,检索时就会给出错误结果。有时得到的质谱图质量不高(本底影响、色谱峰太弱或其他组分干扰所致)也会造成误检,因此,为了得到可靠的分析结果,最好再用其他方法进行辅助定性分析。

2)定量分析

用 GC-MS 法进行有机物定量分析,其基本原理与 GC 法相同,即样品量与总离子(或选择离子)色谱峰面积成正比。定量分析方法有归一化法、外标法和内标法。

(1)归一化法

此法是将色谱中所有成分的含量定为 100%,求色谱中任一成分的百分含量。在利用归一化法定量时,由于质谱仪对不同化合物的响应值不同,即便是含量相同的两个组分,其色谱峰面积也不相同。这就需要进行峰面积校正,测定不同组分的校正因子。利用校正后的峰面积进行定量计算。

（2）外标法

配制待测组分标准系列,制作含量-峰面积标准曲线,由未知含量组分的峰面积,在标准曲线上可查得其含量(或浓度)。在用外标法定量时,由于在定量分析过程中,仪器状态会有些变化,每次进样量也不可能一致,为了克服仪器状态和进样量变化的影响,可以在标准样品系列和待测样品中都加一内标物,内标物含量固定。当分析条件变化时,内标物峰面积与待测组分峰面积同时变化,峰面积之比不受外界条件影响。因此,以此比值和含量所作的校正曲线求得的待测样品浓度也不受外界条件影响。该法也称为内标外标法。在这里,内标物的作用只是为了克服外界条件和仪器状态变化对分析结果的影响,不起定标作用。

（3）内标法

如果仪器重现性很好,可以直接利用内标法进行定量。加入内标后,对于待测样品有

$$W_i = f_i A_i$$

对于内标物有

$$W_s = f_s A_s$$

两式相除得

$$W_i / W_s = \frac{f_i A_i}{f_s A_s}$$

或

$$W_i = \frac{f_i A_i W_s}{f_s A_s}$$

则未知物含量

$$P_i = \frac{W_i}{W} = \frac{f_i A_i W_s}{f_s A_s W}$$

式中　P_i——待测物含量;

　　　f_i/f_s——相对校正因子;

　　　W_s——内标物质量;

W 为样品总量。使用内标法时,内标物须能与样品混溶,其色谱峰能与待测组分峰分开,其保留时间要与待测组分接近,加入量也要接近待测组分含量。

如果对分析结果的精确度要求不高,还可以采用单点外标法定量,即用浓度为 c_s 的标样测定其总离子色谱的峰面积 A_s,在同样条件下,测定未知样品的峰面积 A_i,则未知样品浓度 $c_i = A_i c_s / A_s$。

10.4　实 验 部 分

实验 1　GC-MS 联用仪基本操作及谱库检索

一、实验目的

①了解 GC-MS 调整过程和性能测试方法;

②熟悉 GC-MS 联用仪测样分析条件的设置及谱库检索方法。

二、实验原理

质谱仪开机到正常工作需要一系列的调整,否则,不能进行正常工作。这些调整工作包括以下几个方面。

1)抽真空

质谱仪在真空下工作,要达到必要的真空度需要由机械真空泵和扩散泵(或分子涡轮泵)抽真空。如果采用扩散泵,从开机到正常工作需要 2 h 左右。若采用分子涡轮泵,则只需 2 min左右。如果仪器上装有真空仪表,真空指示要在 10 ~ 5 mb 氩气(10^{-2}Pa)或更高的真空下才能正常工作。

2)仪器校准

主要是对质谱仪的质量指示进行校准,一般四极极质谱仪使用全氟三丁胺(FC-43)作为校准气。用 FC-43 的 m/z 69,131,219,414,502 等几个质量对质谱仪的质量指示进行校正,这项工作可由仪器自动完成。

3)GC-MS 分析条件的选择

质谱仪工作参数主要是设置质量范围、扫描速度、灯丝电流、电子能量、倍增器电压等。GC-MS分析条件要根据样品进行选择,在分析样品之前应尽量了解样品的情况。比如样品组分的多少、沸点范围、分子量范围、化合物类型等。这些是选择分析条件的基础。一般情况下,样品组成简单,可以使用填充柱;样品组成复杂,则一定要使用毛细管柱。根据样品类型选择不同的色谱柱固定相,如极性、非极性和弱极性等。气化温度一般要高于样品中最高沸点 20 ~ 30 ℃,柱温要根据样品情况设定。低温下,低沸点组分出峰;高温下,高沸点组分出峰。选择合适的升温速度,使各组分都实现很好的分离。GC-MS 分析中的色谱条件与普通的气相色谱条件相同。

质谱条件的选择包括扫描范围、扫描速度、灯丝电流、电子能量、倍增器电压等。扫描范围就是可以通过分析器的离子的质荷比范围,该值的设定取决于欲分析化合物的分子量,应该使化合物所有的离子都出现在设定的扫描范围之内,例如化合物最大相对分子质量为 350 左右,则扫描范围上限可设到 400 或 450,扫描下限一般从 15 开始,有时为了去掉水、氮、氧的干扰,也可以从 33 开始扫描。扫描速度视色谱峰宽而定,一个色谱峰出峰时间内最好能有 7 ~ 8 次质谱扫描,这样得到的重建离子流色谱图比较圆滑,一般扫描速度可设在 0.5 ~ 2 s 扫一个完整质谱即可。灯丝电流一般设置在 150 ~ 250 mA。灯丝电流小,仪器灵敏度太低,电流太大,则会缩短灯的寿命。电子能量一般为 70 eV,标准质谱图都是在 70 eV 下得到的。改变电子能量会影响质谱中各种离子间的相对强度。如果质谱中没有分子离子峰或分于离子峰很弱,为了得到分子离子,可以降低电子能量到 15 eV 左右。此时分子离子峰的强度会增强,但仪器灵敏度会大大降低,而且得到的不再是标准质谱。倍增器电压与灵敏度有直接关系。在仪器灵敏度能够满足要求的情况下,应使用较低的倍增器电压,以保护倍增器,延长其使用寿命。同样,需要设置合适的 GC 操作条件。

在上述操作完成之后,GC-MS 即进入正常工作状态,此时可以进行仪器灵敏度和分辨率测试。

三、仪器与试剂

1)仪器

GC-MS(Agilent 7000D,美国安捷伦公司)。

2）试剂与材料

标准样品全氟三丁胺（FC-43）；六氯苯或八氟萘（灵敏度和分辨率测试用）。

四、实验步骤

1）仪器调校

（1）开机

打开机械泵，打开扩散泵（或分于涡轮泵），设置质谱仪工作参数（扫描范围、扫描速度、灯丝电流、电子能量、倍增器等）。

（2）质量校准

进样校准气，采集数据，校准质量。

（3）测定灵敏度

通过 GC 进六氯苯 1 pg，在一定的质谱条件下（EI 方式 70 eV 电子能量，0.25 mA 电流等），采集标样质谱，用 m/z 282 作质量色谱图，测定质量色谱的信噪比。如果信噪比值小于 10，要增加样品的用量。达到一定信噪比的进样量为该仪器的灵敏度。

（4）测定分辨率

进标准样品，显示质量 219，测定 219 峰的半峰宽 dM，计算 R 值，如果仪器指标为 $R = 2M$，则在 219 处测定 R 值，R 应大于 438。

2）谱库检索

打开谱库，分别输入正己烷、环己烷、异丁烷、丁烯、苯、甲苯、乙苯、间甲基-正丙基苯、正丁基苯、氯苯、溴甲烷、溴苯、甲醇、1-十六醇、丙苯醇、苯酚、乙醚、苯甲醚、甲醛、丙酮、苯甲酸、乙酸乙酯、苯甲酸乙酯、正丙胺、对硝基苯、乙腈等，调出质谱图，找出谱图特征，分析裂解机理。

五、注意事项

①注意开机顺序，严格按操作手册规定的顺序进行。真空达到规定值后才可以进行仪器调整。

②仪器调整完毕后应尽快停止 F-43 进样，立刻关闭灯丝电流和倍增器电压，以延长二者寿命。

③灵敏度是对一定样品和一定实验条件而言的，改变条件，灵敏度会变化。

④谱库检索须输入化合物英文名称。

六、数据处理

1）谱库检索

打开谱库，调出质谱图，查找下列化合物谱图特征表 10-1，分析裂解机理。记在练习簿上。

表 10-1　化合物信息

名称	英文	分子式	基峰 m/z	分子离子峰 m/z
正己烷	Hexane	C_6H_{14}	57	86
正三十二烷	Dotriacontane	$C_{32}H_{66}$	57	450
环己烷	Cyclohexane	C_6H_{12}	56	84

续表

名称	英文	分子式	基峰 m/z	分子离子峰 m/z
异丁烷	Isobutane	C_4H_{10}	43	58
异丁苯	Isobutylbenzene	$C_{10}H_{14}$	91	134
1-丁烯	1-Butene	C_4H_8	41	56
苯	Benzene	C_6H_6	51	78
甲苯	Toluene	C_7H_8	65	91
乙苯	Ethylbenzene	C_8H_{10}	91	106
乙醇	Ethanol	C_2H_6O	31	45
乙酸乙酯				
苯甲酸乙酯				
丙氨酸	Alanine	$C_3H_7NO_2$	44	89
硝基苯	Nitrobenzene	$C_6H_5NO_2$	77	123
乙腈				
间甲基-正丙基苯				
正丁基苯				
氯苯				
溴苯				

2）定性分析

定性分析谱图填写表 10-2。

表 10-2 化合物信息

RT	名称	分子式	结构式	分子量	匹配	可信度
25.23	Hexadecanoic acid methylester	$C_{17}H_{34}O_2$		270	804	42.9P
25.23	Pentadecanoic acid methylester	$C_{17}H_{34}O_2$		270	778	12.8P
25.23	Tetradecanoic acid methylester	$C_{16}H_{36}O_2$		256	774	10.9P
25.23	Hexadecanoic acid methylester	$C_{17}H_{34}O_2$		270	772	42.9P
25.23	Octadecanoic acid methylester	$C_{20}H_{40}O_2$		3 121	745	3.07P
25.23	Nonadecanoic acid methylester	$C_{20}H_{40}O_2$		312	742	2.71P
25.23	Heneicosanoic acid methylester	$C_{22}H_{44}O_2$		340	734	2.02P
25.23	9-Octadecanoic acid methylester	$C_{21}H_{38}O_4$		357	730	1.71P
25.23	Heptacosanoic acid 12-（actyloxy）	$C_{28}H_{56}O_2$		424	727	15.1P
25.23	Hexadecanoic acid	$C_{18}H_{36}O_2$		285	726	1.45P

3）定量分析

定量分析谱图填写表 10-3。

表 10-3　化合物信息

RT	峰面积	含量/%	名称	结构式	分子量	说明

七、思考题

①质谱仪为什么要在真空下工作,如果真空不好就开始工作,可能会造成什么影响?

②为什么要进行质量校准? 如何进行校准?

③哪些因素会影响质谱仪的灵敏度?

④什么是质谱仪的分辨率,如何测定质谱仪的分辨率?

⑤总结色谱质谱仪操作中的注意事项。

实验 2　GC-MS 定性分析有机混合物

一、实验目的

①了解 GC-MS 分析的一般过程和主要操作;

②了解 GC-MS 分析条件的设置;

③了解 GC-MS 数据处理方式。

二、实验原理

混合物样品经 GC 分离成一个个单一组分进入离子源,在离子源样品分子被电离成离子,离子经过质量分析器之后即按 m/z 顺序排列成谱。经检测器检测后得到质谱,计算机采集并储存质谱,经过适当处理即可得到样品的色谱图、质谱图等。经计算机检索后可得到化合物的定性结果。由色谱图可进行各组分的定量分析。

三、仪器与样品

1）仪器

GC-MS(Agilent 7000D,美国安捷伦公司)。

2）试剂与材料

苯、甲苯、二甲苯,甲醇均为色谱纯;5 μL 微量注射器。

3）样品

混合有机样品（可自配）。

四、实验步骤

1）样品配制

（1）分别移取 1 mL 苯、甲苯、二甲苯混合后，用甲醇稀释 1 000 倍后待用；

（2）移取 21 mL 稀释液，用 0.45 μm 的有机相微孔滤膜过滤，转移至标准样品瓶中待用。

2）分析条件设置

进样品温度：250 ℃；

质谱离子源温度：230 ℃；

色谱传输线温度：250 ℃；

质谱四极杆温度：150 ℃；

柱温：初始 60 ℃，保持 2 min，以 10 ℃/min 升至 120 ℃，保持 3 min。

载气流速：1.2 mL·min^{-1}；

进样量：1 μm；

分流比：10∶1；

溶剂延迟：1.5 min。

五、数据处理

①采集数据结束之后，色谱降温，关闭质谱仪灯丝、倍增器等。然后进行数据处理。

②显示并打印总离子色谱图。

③显示并打印每个组分的质谱图。

④对每个未知谱进行计算机检索。

六、注意事项

①对于比较复杂的混合物，设置色谱条件是非常重要的，设置前一定要了解样品信息，根据样品信息设置色谱条件。

②有好的色谱图才有好的质谱图，有好的质谱图才有好的检索结果。分离不好或信噪比太小的峰不能检索。

七、思考题

①在进行 GC-MS 分析时需要设置合适的分析条件。假如条件设置不合适可能会产生什么结果？比如色谱柱温度不合适会怎么样？扫描范围过大或过小会怎么样？

②总离子色谱图是怎么得到的？质量色谱图是怎么得到的？

③如果把电子能量由 70 eV 变成 20 eV，质谱图可能会发生什么变化？

④进样量过大或过小可能对质谱产生什么影响？

⑤如果检索结果可信度差，还有什么办法进行辅助定性分析？

⑥为了得到一张好的质谱图通常需要扣除本底，本底是怎么形成的？如何正确地扣除本底？

第 11 章
毛细管电泳色谱法

　　毛细管电泳(Capillary Electrophoresis,CE)是 20 世纪 80 年代初发展起来的一种新型分离分析技术,是经典电泳技术和现代微柱分离有机结合的产物,是继高效液相色谱(HPLC)之后,分析科学领域的又一次革命。它的出发点应归功于 1979 年 Mikkers 等在内径 0.2 mm 的聚四氟乙烯管中进行的研究。1981 年 Jorgenson 和 Luckas 发表的研究论文对 CE 的发展作出了决定性的贡献,提出了在 75 μm 内径的石英毛细管柱内利用高电压对带电的待测物进行电泳分离,采用电迁移进样,以灵敏的荧光检测器进行柱上检测,峰形对称,分离的理论塔板数达到 4×10^5 的高效率,实现了丹酰化氨基酸的高效、快速分离。Jorgenson 等进一步研究了影响区带加宽的因素,阐明了 CE 的一些基本性能和分离的理论依据。他们的开创性工作,使普通电泳这一技术发生了根本性变革,从此跨入高效毛细管电泳(High Performance Capllary Electrophoresis,HPCE)的新时代。1984 年,Terabe 等提出了胶束电动毛细管色谱法,使许多电中性化合物的分离成为可能,大大地拓宽了 CE 的应用范围。1988—1989 年出现了第一批毛细管电泳仪器,短短的几年内,由于 CE 符合以生物工程为代表的生命科学各领域中对多肽、蛋白质(包括酶和抗体)、核苷酸乃至脱氧核糖核酸(DNA)的分离分析要求,得到迅速的发展,是近年来发展最快的分析方法之一。CE 与普通电泳相比,由于采用高电场,因此分离速度要快得多;与 HPLC 相比,两者均为液相分离技术,都有多种分离模式,且仪器操作可自动化;但 CE 和 HPLC 又遵循不同的分离机理,CE 用迁移时间取代 HPLC 中的保留时间,CE 分析通常不超过 30 min,比 HPLC 所需时间短;CE 仅能实现微量制备,而 HPLC 可用作常量制备,在很大程度上,CE 和 HPLC 互为补充。可供 CE 选择的检测器也很多,如紫外-可见吸收检测器、二极管阵列检测器、激光诱导荧光检测器、化学发光检测器、电化学检测器、质谱检测器等;一般电泳的定量精度差,而 CE 则和 HPLC 相近;CE 操作的自动化程度也比普通电泳要高得多。

　　与 HPLC 相比,CE 具有以下优势:①高效。从理论上推得 CE 的理论塔板高度和溶质的扩散系数成正比,对扩散系数小的生物大分子而言,其柱效就要比 HPLC 高得多;每米理论塔板数为几十万,高者可达几百万乃至几千万,而 HPLC 一般为几千到几万;②高速。CE 用迁移时间取代 HPLC 中的保留时间,CE 的分析时间通常不超过 30 min,比 HPLC 所需的时间短,最快可在 60 s 内完成分离;③ 微量。CE 需要的样品量为纳升量级,而 HPLC 所需样品量为微升级为 HPLC 的千分之一;④操作模式多,分离方法开发容易。CE 只需要换毛细管内填充溶液的种类、浓度、酸度或添加剂等,就可用同一台仪器实现多种分离模式;⑤低消耗。CE 流动相用量一般一个工作日只需几毫升,而 HPLC 流动相则需几百毫升乃至更多。

11.1 基本原理

11.1.1 基本概念

1)电泳

在电解质溶液中,带电粒子在电场作用下,以不同的速率向其所带电荷相反的电极方向迁移的现象叫电泳。单位电场下的电泳速度(v/E)称为电泳淌度(μ_{em})或电迁移率。对于给定的荷电量为 q 的离子,在电场中运行时受到电场力(F_E)和溶液的阻力(F_f)的共同作用,其中

$$F_E = qE$$

$$F_f = 6\pi\eta r\mu_{em}E$$

式中　η——介质黏度;

r——离子的流体动力学半径。在电泳过程达到平衡时,上述两种力方向相反,大小相等,即

$$qE = 6\pi\eta r\mu_{em}E$$

$$\mu_{em} = \frac{q}{6\pi\eta r}$$

因此,离子的电泳淌度与其荷电量成正比,与其半径及介质黏度成反比。带相反电荷的离子,其电泳的方向相反。有些物质因其淌度非常相近而难以分离,可以通过改变介质的 pH 值等条件,使离子的荷电量发生改变,使不同离子具有不同的有效淌度,从而实现分离。

2)电渗流和电渗率

固体与液体相接触时,如果固体表面因某种原因带一种电荷,则因静电引力使其周围液体带另一种电荷,在固液界面形成双电层。当液体两端施加电压时,就会发生液体相对于固体表面的移动。这种液体相对于固体表面移动的现象叫电渗流(Electroosmotic Flow,EOF)现象。电渗流现象中液体的整体流动叫电渗流。

电渗流是 CE 中最重要的概念。电渗流是指毛细管内壁表面电荷所引起的管内液体的整体流动,其推动力来源于外加电场对管壁溶液双电层的作用(图 11-1)。电渗流的方向决定于毛细管内壁表面电荷的性质。一般情况下,石英毛细管内壁表面带负电荷,电渗流方向为由阳极到阴极。但是如果将毛细管表面改性,比如在壁表面涂渍或键合一层阳离子表面活性剂,或者在内充液中加入大量的阳离子表面活性剂,将使石英毛细管表面带正电荷。

电渗流主要取决于毛细管表面电荷的多少。一般地,pH 值越高则表面硅羟基的解离度越大,电荷密度也越大,电渗流速率就越大。另外,电渗流还与毛细管表面的性质、电解质的组成、黏度、温度和电场强度等有关。能与毛细管表面作用如表面活性剂、有机溶剂、两性离子等都会对电渗流产生很大的影响。利用这种现象,可以达到电渗控制的目的。温度升高可以降低介质黏度,增大电渗流。电场强度越大,电渗流越大。电渗流的方向一般是从正极到负极,然而溶液中加入阳离子表面活性剂,随着浓度由小变大,电渗流逐渐减小直至为零,再增加阳离子浓度,出现反向电渗。在分析小分子有机酸时,这是常用的电渗流控制技术。

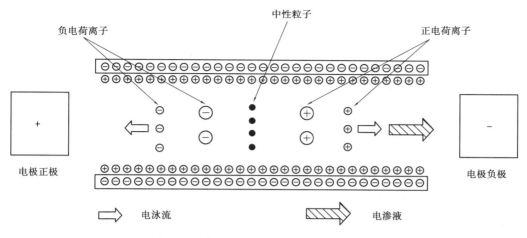

图 11-1　样品组分在毛细管中的迁移情况

电渗是 CE 中推动流体前进的力量,它使整个流体像一个塞子,以均匀的速度向前运动(塞式流),溶质区带在毛细管内呈扁平塞形,不易扩张。而在 HPLC 中,采用的压力驱动方式使柱中流体呈抛物线形,中心处速度是平均速度的两倍,导致溶质区带扩张,使分离效率不如 CE。

3)淌度

在电化学中把单位电场强度下离子的平均电泳速度称为淌度。

有效淌度:离子在实际溶液中测得的淌度。与溶液的性质和离子的形状、半径、电荷数等有关。

电渗流淌度:电渗流淌度与实际溶液的组成和性质等有关,由中性分子的迁移时间确定。

表观淌度:毛细管电泳中,离子在实际电泳过程中的淌度称为表观淌度,其大小等于离子的有效淌度 μ_{ep} 和电渗流淌度 μ_{eo} 的矢量和。

与电渗流同方向迁移的离子,表观淌度大于电渗流淌度。与电渗流反方向迁移,表观淌度小于电渗流淌度。

物质粒子在电场中的迁移速度取决于粒子淌度和电场强度的乘积,所以淌度不同是电泳分离的内因。物质所处的环境不同,其形状、大小及所带电荷多少都可能有差异,则淌度也可能不同。电泳分离的基础是各分离组分有效淌度的差异。

11.1.2　分离原理

CE 所用的石英毛细表面的硅羟基在 pH 值为 3 以上的介质中会发生明显的解离,使表面带有负电荷聚集在表面附近形成双电层。在高电压作用下,双电层中的水合阳离子引起流体整体朝负极方向移动,即电渗。单位电场下的电渗速度称为电渗率。在毛细管内,带电粒子的迁移速度等于电泳和电渗流两种速度的矢量和。正离子的电泳方向和电渗流的一致,迁移速度最大,因而最先流出;中性粒子的电泳速度为零,其迁移速度相当于电渗流的速度;负离子的电泳方向和电渗流的相反,但因电渗流速度一般大于电泳速度,因而负离子在中性粒子之后流出。各种粒子因迁移速度不同而实现分离。

增加组分的迁移速度是减少谱带展宽,提高分离效率的重要途径之一。增加电场强度可以提高迁移速率,但高场强也会导致通过毛细管的电流增加,增大焦耳热(自热)。焦耳热使流体在径向产生抛物线形的温度分布,即管轴中心温度比近壁处高。因溶液的黏度随温度升高呈指数下降,温度梯度使流动相的黏度在径向产生梯度,从而影响流动相的迁移速度,使管轴中心的溶质分子比近壁处的迁移速度快,造成溶质谱带展宽。

11.1.3 毛细管电泳的分离模式及分离条件

CE 有毛细管区带电泳(CZE)、毛细管胶束电动色谱(MECC)、毛细管凝胶电泳(CGE)、毛细管等电聚焦(CIEF)、毛细管等速电泳(CITP)和毛细管电色谱(CEC)六种分离模式,本实验采用 CZE 法。CZE 是最简单的 CE 分离模式,因为毛细管中的分离介质只是缓冲液。在电场的作用下,样品组分以不同的速率在区带内迁移而被分离。在 CZE 中,影响分离的因素主要有缓冲溶液(包括缓冲液的种类、pH 值、浓度)、添加剂、电泳电压、电泳温度毛细管柱。

缓冲液种类的选择通常须遵循下述要求:①在所选择的 pH 值范围内有很好的缓冲容量;②在检测波长处无吸收或吸收很低;③自身的电泳淌度低,即分子大而荷电小,以减小电流的产生,减小焦耳热;④尽量选用电泳淌度与溶质相近的缓冲溶液,有利于减小电分散作用引起的区带展宽,提高分离效率。缓冲溶液的 pH 值依样品的性质和分离效率而定。增大缓冲液的浓度一般可以改善,但电渗流会降低,延长分析时间,过高的盐浓度还会增加焦耳热,使分离度下降。

常用的缓冲溶液有磷酸盐、硼酸盐及醋酸盐缓冲溶液,浓度在 $10 \sim 200$ mmol/L。缓冲液添加剂多为有机试剂,如甲醇、乙腈和阳离子表面活性剂等。其主要作用是增加样品在缓冲液中的溶解度,抑制样品组分在毛细管壁上的吸附,改善峰形。阳离子表面活性剂还能使电渗流反向。

提高分析电压有利于提高分离效率和缩短分析时间,但过高的电压会引起焦耳热的增加,区带展宽,导致分离效率降低。

温度的变化可以改变缓冲液的黏度,从而影响电渗流。毛细管内径越小,分离效率越高,但样品容量越低;适当增加毛细管的长度也可以提高分离效率,但分析时间将会延长。

11.2 仪器结构

图 11-2 为毛细管电泳仪的基本结构示意图。其组成部分主要有进样系统、高压电源、缓冲液瓶(包括样品瓶)、毛细管和检测器。

进样一般采用电动法和压力法。电动法是将毛细管进样端插入样品溶液后加上电压,样品组分因电迁移和电渗作用而进入毛细管中。改变电压和进样时间可获得不同的进样量。由于在电动进样过程中,迁移速度较大的组分进样较多,因此存在进样偏向,会降低分析结果的准确性和可靠性。利用压缩气体可以实现压力进样。在毛细管两端加上不同的压力,管中溶液发生流动而将样品带入毛细管。进样量与两端压差及进样时间相关,可以采用正压或负压进样,一般气压取值约为 0.07 Pa,进样时间约 5 s。压力进样没有组分偏向问题,是最常用的进样方式。

高压电源为分离提供动力,商品化仪器的输出直流电压一般为 $0 \sim 30$ kV,也有采用 $60 \sim 90$ kV 的。大部分直流电源都配有输出极性转换装置,可以根据分离需要选择正电压或负电

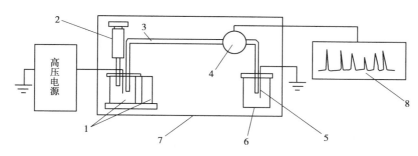

图 11-2　毛细管电泳系统的基本结构

1—高压电极槽与进样机构;2—填灌清洗机构;3—毛细管;4—检测器
5—铂丝电极;6—低压电极槽;7—恒温机构;8—记录/数据处理

压。一般要求高压电源能以恒压、恒流或恒功率等模式供电。对于高电压,商品仪器一般都有安全保护措施,在漏电、放电等危险情况下,高压电源自动关闭,保持操作环境干燥及降低分离电压可防止高压放电。

缓冲液瓶多采用塑料(如聚丙烯)或玻璃等绝缘材料制成,容积为 1～3 mL。考虑到分析过程中正、负电极上发生的电解反应,体积大一些的缓冲液瓶有利于 pH 值的稳定。

毛细管是 CE 分离的核心部件,普遍采用的毛细管是弹性熔融石英毛细管。由于石英毛细管脆且易折断,在其外表面涂附聚酰亚胺增加其弹性。市售的毛细管一般有内径 50 μm、75 μm、和 100 μm 等几种,根据分离度的要求,可选用 20～100 cm 长度。进样端至检测器间的称为有效长度。弹性熔融石英毛细管分无涂层及有涂层两种。由于聚酰亚胺涂层不透明,所以经过检测窗口处的毛细管外涂层必须剥离。为解决焦耳热引起的分离度下降及环境温度变化引起的分离不重现性问题,在毛细管电泳仪中设有温度控制系统,恒温控制分空冷和液冷两种,其中液冷效果较好。

紫外-可见检测器是 CE 中最常采用的检测器,分为固定波长检测器和二极管阵列检测器两类。前者采用滤光片或光栅选取所需检测波长,结构简单,灵敏度比后者高。二极管阵列检测器可得到吸光度-波长的三维图谱,可用于在线光谱定性。一般均采取柱上检测方式,也可实现柱后检测。

11.3　实验技术

毛细管电泳的基本操作包括毛细管检测窗口的制作、毛细管的清洗、平衡、进样及操作条件的优化等。

11.3.1　毛细管检测窗口的制作

毛细管是 CE 分离的主要部分。理想的毛细管必须是电绝缘、紫外/可见光透明和富有弹性的。目前可以使用的有塑料管、玻璃管、石英管等,其中弹性熔融石英毛细管已有大量商品出售,因而被普遍使用。由于熔融石英拉制得到的毛细管很脆,易折断,通过外层涂聚酰亚胺后即变得富有弹性,便于使用和保管。但是聚酰亚胺层不透明,利用光学检测器时需要把检测窗口部位的外涂层剥离除去,剥离长度通常控制在 2～3 mm。涂层剥离方法有灼烧法、硫酸腐蚀法、刀片刮除等。

11.3.2 毛细管内表面清洗

由于在毛细管电泳分析中,电渗流是流动相的驱动力,而电渗流的产生则是基于石英毛细管内壁上硅羟基的解离,为保证分析的重现性,就必须首先保证每次分析时毛细管内壁状态的一致性。所以,在每次分析之前先要清洗毛细管内壁数分钟甚至半小时,清洗毛细管一般使用0.1 mol/L NaOH 溶液、0.1 mol/L HCl 溶液或是去离子水。在清洗后,往往还需要用缓冲液平衡毛细管 2~5 min 才能进样,以保证分析的重现性。

11.3.3 实验条件的选择

毛细管电泳的实验条件包括实验操作参数、电泳电解质溶液组成以及实验数据处理方法等,需要在实验之前有所了解。

毛细管电泳分析中需要优化的操作参数为电压和缓冲液的组成、浓度及 pH 值。柱长一定时,随着操作电压增加,迁移时间缩短;在一定的范围内,柱效随电压增大而增高,但过了一个极点后,柱效反而下降。缓冲液的组成应根据待测物的性质而定,其浓度和 pH 值对分离度和选择性的影响很大,必须优化。采用电动进样时,进样电压和进样时间对柱效均有影响。定量分析时还需注意样品的制备、迁移时间的重复性、定量校正因子等因素。

11.4　实验部分

实验 1　毛细管区带电泳(CZE)分离有机化合物

一、实验目的
①了解 CZE 分离的基本原理;
②了解毛细管电泳仪的基本构造,掌握其基本操作技术;
③学会计算 CZE 的重要参数;
④运用 CZE 分离硝基苯酚异构物。

二、实验原理
毛细管电泳指以毛细管为通道、以高压直流电场为驱动力的一类液相分离分析技术。毛细管区带电泳是最常用的一种毛细管电泳分离模式,它是根据被分离物质在毛细管中的迁移速度不同进行分离的。毛细管电泳分离分析装置如图 11-3 所示。

被分离物质在毛细管中的迁移速度取决于电渗淌度和该物质自身的电泳淌度。一定介质中的带电离子在直流电场作用下的定向运动称为电泳。单位电场下的电泳速度称为电泳淌度或电泳迁移率。电泳速度的大小与电场强度、介质特征、粒子的有效电荷及其大小和形状有关。电渗是伴随电泳而产生的一种电动现象。就毛细管区带电泳而言,电渗是指毛细管中电解质溶液在外加直流电场作用下的整体定向移动。电渗起因于固液界面形成的双电层。用熔

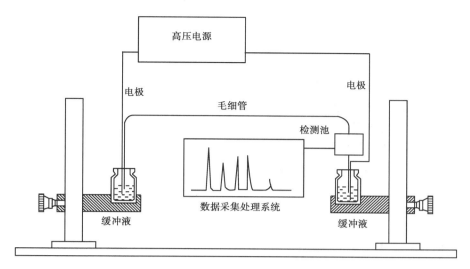

图 11-3　毛细管电泳分离分析装置

融石英拉制成的毛细管,其内壁表面存在呈弱酸性的硅羟基,当毛细管中存在一定 pH 值的缓冲溶液时,硅羟基发生电离,在毛细管内壁形成带负电的"定域电荷"。根据电中性的要求,"定域电荷"吸引缓冲溶液中的正离子形成双电层。在直流电场作用下双电层中的水和阳离子向负极迁移,并通过碰撞等作用给溶剂施加单向推力,使之同向运动,形成电渗。单位电场下的电渗速度称为电渗淌度。电渗速度与毛细管中的电解质溶液的介电常数和黏度、双电层的 ξ 电势以及外加直流电场强度有关。若同时含有阳离子、阴离子和中性分子组分的样品溶液从正极端引入毛细管后,在外加直流电场的作用下,样品组分在毛细管中的迁移情况如图 11-1 所示。

样品中的阳离子组分的电泳方向与电渗一致,因此迁移速度最快,最先到达检测窗口。中性组分电泳速度为零,它将随电渗而行。阴离子组分因其电泳方向与电渗相反,当电渗速度大于电泳速度时,它将在中性组分之后到达检测窗口;若其电泳速度大于电渗速度,则无法到达检测窗口。由此可见,毛细管电泳分离的出峰顺序是:阳离子 > 中性分子 > 盐离子。

硝基苯酚是弱酸性物质,其邻、对、间位异构体由于 pKa 值的不同,在一定 pH 值的缓冲溶液中电离程度不同。因此,它们在毛细管电泳分离过程中表现出不同的迁移速度,从而实现分离。

三、仪器和试剂

1)仪器

北京新技术研究所宾达 1229 型毛细管电泳仪(工作电压 0 ~ 30 kV,检测波长 254 nm);四川仪表四厂 3066 型记录仪;石英毛细管(内径 75 μm,长度 50 ~ 60 cm);超声波清洗仪。

2)试剂材料

磷酸二氢钾、磷酸、甲醇、氢氧化钠、盐酸、邻硝基苯酚、间硝基苯酚、对硝基苯酚、硫脲均为分析纯;0.45 μm 微孔滤膜,10 mL 注射器,水系微孔滤膜(25 mm × 0.45 μm);滤膜溶剂过滤器、抽滤装置;实验用水均为去离子水。

3)样品

自制邻硝基苯酚、间硝基苯酚与对硝基苯酚混合液。

四、实验步骤

1）溶液配制

20 mmol/L 的磷酸二氢钾溶液用磷酸调整至 pH 值 7.0。取 95 mL 该缓冲溶液加入 5.0 mL 甲醇，混合后作为背景电解质溶液。过滤、超声波脱气后使用。

（1）1 mol/L 氢氧化钠溶液

称取 4.0 g 氢氧化钠溶于 100 mL 水中。

（2）0.1 mol/L 盐酸溶液

移取 0.8 mL 浓盐酸，用去离子水稀释至 100 mL。

（3）邻硝基苯酚甲醇溶液

称取 0.02 g 邻硝基苯酚，溶液 100 mL 甲醇中，浓度约为 0.2 mg/mL。

（4）间硝基苯酚甲醇溶液

称取 0.02 g 间硝基苯酚，溶液 100 mL 甲醇中，浓度约为 0.2 mg/mL。

（5）对硝基苯酚的甲醇溶液

称取 0.02 g 对硝基苯酚，溶液 100 mL 甲醇中，浓度约为 0.2 mg/mL。

2）准备工作

①打开毛细管电泳仪，预热至检测器输出信号稳定。

②准确测量毛细管长度。距毛细管一端约 15 cm 处去除约 2 mm 的毛细管聚合物保护层作为检测窗口，并测量毛细管进样端到检测窗的长度。

③将毛细管的检测窗口对准检测器光路，并安装好毛细管。依次用氢氧化钠溶液（1 mol/L）、二次蒸馏水、盐酸溶液（0.1 mol/L）、二次蒸馏水冲洗毛细管各 5 min，最后在毛细管注入缓冲溶液，并将毛细管的两端分别插入位于电极处的缓冲溶液瓶中。将直流电压调至 20 kV。

④开机预热，待记录仪基线稳定后，关闭高压电源，用压力进样方式进样。进样后重新打开高压电源，同时按下秒表记录时间，待样品峰出现后记录其迁移时间。混合样按同样的步骤进行操作，并记录分离图。

⑤改变外加电压（如 15 kV 或 25 kV）重复步骤④，实验完毕后，关闭仪器电源，并用二次蒸馏水冲洗毛细管。

五、数据处理

①根据所得实验数据，计算电渗速度、电渗淌度、各组分的电泳淌度、间硝基苯酚的理论塔板数。根据分离图计算各组分之间的分离度。

②绘制外加电压与电渗速度的关系图，并给予解释。

六、思考题

①为什么本实验要采用 pH 值为 7 左右的缓冲溶液分离硝基苯酚异构体？用 pH 值为 2 的缓冲溶液可以吗？

②若要得到流向正极的电渗流，应采取哪些措施？

实验 2　毛细管区带电泳法测定碳酸饮料中的苯甲酸钠

一、实验目的

①学习毛细管电泳分析法的基本原理及其测定的特点；

②了解毛细管电泳仪的结构和一般操作方法；

③掌握用毛细管电泳法测定碳酸饮料中防腐抑菌剂苯甲酸钠含量的方法。

二、实验原理

苯甲酸钠是广泛使用在饮料、调味品中的防腐剂，由于此类防腐剂带有一定的负效应，甚至还有微量毒素，使用不当会给人体带来危害，应严格限制其在食品中的添加量，所以其检测工作也变得极其重要。毛细管电泳（Capillary Electrophoresis，简称 CE）是以毛细管为分离通道，以高压电场为驱动力，依据样品中各组分之间淌度和分配行为上的差异而实现分离的一类液相分离技术，具有高效快速、进样体积小、溶剂消耗少和样品预处理简单等特点，现已广泛地用于分离分析领域。传统的食品添加剂的测定一般采用气相色谱（GC）和高效液相色谱（HPLC）方法，当采用 GC 与 HPLC 分析时一般都必须对样品进行复杂的前处理。而 CE 与之相比，实验成本低、分析时间段、适用范围广，可同时分离和检测多个组分。

本实验适用毛细管区带电泳法（CZE），在毛细管中仅填充缓冲液，基于溶质组分的迁移时间或淌度的不同而分离，除了溶质组分本身的结构特点和缓冲溶液组成，不存在其他因素的影响。实验采用硼砂为缓冲液，用缓冲液稀释待测饮料，在特定条件下，测定饮料中苯甲酸钠的含量。

三、仪器与试剂

1）仪器

P/ACE MDQ 毛细管电泳仪（美国 Beckman 公司），配有二极管阵列检测器，50 cm×75 μm（i. d.）非涂渍石英毛细管；分析天平；超声波清洗仪。

2）试剂与材料

苯甲酸钠，氢氧化钠，硼砂均为分析纯；0.45 μm 微孔滤膜，10 mL 注射器，水系微孔滤膜（25 mm×0.45 μm）；滤膜溶剂过滤器、抽滤装置；实验用水均为去离子水。

3）样品

市售碳酸饮料。

四、实验步骤

1）溶液配制

（1）0.20 mol/L NaOH 溶液

称取 4.0 g NaOH，溶于 500 mL 纯水中。

（2）20 mmol/L $Na_2B_4O_7 \cdot 10H_2O$ 缓冲液

称取 7.62 g 四硼酸钠，用适量纯水超声溶解后转入 1 000 mL 容量瓶中，用纯水定容至刻度，摇匀。

（3）1.0 g/L 苯甲酸钠标准贮备液

称取适量苯甲酸钠（准确至 ±0.000 1 g），用 $Na_2B_4O_7 \cdot 10H_2O$ 缓冲液溶解定容。

（4）苯甲酸钠标准溶液

准确吸取苯甲酸钠贮备液 1.00，2.00，4.00，6.00，8.00，1 000 mL 分别置于 6 只 50 mL 容量瓶中，以 $Na_2B_4O_7 \cdot 10H_2O$ 缓冲液定容，得苯甲酸钠标准工作液，其浓度分别约为 0.02，0.04，0.08，0.12，0.16 和 0.20 g/L（保留三位有效数字）。

配制的溶液需经 0.45 μm 滤膜过滤后方可使用。

2）样品制备

将市售雪碧饮料用超声波清洗仪超声脱气，准确吸取雪碧样品 15.00 mL 于 50 mL 容量瓶中，用 $Na_2B_4O_7 \cdot 10H_2O$ 缓冲液定容，摇匀，用 0.45 μm 滤膜过滤备用。

3）电泳条件

检测波长 225 nm；分离电压 20 kV；温度 25 ℃；气压进样 0.7 psi × 5 sec；运行缓冲液：20 mmol · L^{-1} 四硼酸钠溶液。

4）实验步骤

①接通电源，打开毛细管电泳仪开关，打开计算机，点击桌面操作软件图标，进入毛细管电泳仪控制界面，预热 10 ～ 20 min。

②将 0.20 mol/L NaOH 溶液、纯水和缓冲液装入小储液瓶，依次放入电泳仪的进口端（Inlet），废液瓶放入出口端（Outlet），记录各瓶的相应的位置。第一次进样前，依次用 0.2 mol/L NaOH 冲洗（Rinse）2 min，纯水冲洗 5 min，20 mmol/L $Na_2B_4O_7 \cdot 10H_2O$ 冲洗 5 min。以后各样品之间用 20 mmol/L $Na_2B_4O_7 \cdot 10H_2O$ 冲洗 3 min，清洗气压 30 psi。冲洗完成后，毛细管中充满运行缓冲液。

③将苯甲酸钠标准工作液装入小储液瓶，依次放入进口端，记录各瓶位置。按电泳条件设置参数，进样（Inject）运行。以峰面积 A 为纵坐标，以浓度 c 为横坐标，绘制工作曲线。

④将饮料试液放入进口端进样运行。

⑤完成实验以后，关闭检测器电源，用水冲洗毛细管 10 min。若毛细管长期不用，水冲洗以后再用空气吹干 10 min，待冷凝液回流后关闭主机电源，关闭控制界面，关闭计算机，切断电源。

五、注意事项

①必须将毛细管电泳仪放置于环境干燥的室内，防止在潮湿环境中发生高压放电。

②储液瓶的液面高度不得低于 1/2，也不可超过瓶颈。瓶口和瓶盖不得沾有液体，如果有液体存在要将液体擦干。

③储液瓶盖不可用洗涤剂长时间浸泡或放入烘箱烘干，否则会导致瓶盖的老化。

④缓冲液使用一段时间后，淌度和电渗流会变化，需经常更换。

⑤用于装废液的储液瓶要及时清理，不可过满，过高的废液量既会污染毛细管，也会造成气路的阻塞。

⑥在实验过程中，应注意补充清洗毛细管用的水、碱液及缓冲液。

⑦样品及缓冲液用 0.45 μm 微孔滤膜过滤后方可使用。

⑧仪器运行期间不得打开"Sample Cover"，只有托盘在"Load"状态才可以打开"Sample

Cover" 和 "Cartridge Cover"。

⑨每次做完实验后,均要用水冲洗 5～10 min,并将毛细管两端置于水中保存养护。如果长期不用,应将毛细管用氮吹干后再关机,在关机之前必须使样品及缓冲溶液托盘处于"Load"状态。

六、数据处理

饮料样品中苯甲酸钠的含量(g/L)按下式进行计算

$$c = c_0 \times \frac{50}{15}$$

式中　c——饮料样品中苯甲酸钠的含量,g/L;

　　　c_0——根据苯甲酸钠的峰面积在工作曲线上求得的饮料试液中苯甲酸钠的含量,g/L。

七、思考题

①毛细管电泳分离的原理是什么?

②如何判定雪碧样品中的未知峰为苯甲酸钠的组分峰?

③在实验中进入毛细管的样品均需用滤膜过滤,为什么?

④试测定可口可乐试样中是否含有苯甲酸钠。

第 12 章
X 射线衍射

X 射线衍射(X-ray diffraction,XRD),利用 X 射线能穿透一定厚度的物质,并能使荧光物质发光、照相乳胶感光、气体电离。X 射线是一种波长很短(20 ~ 0.06 Å)的电磁波。在用电子束轰击金属"靶"产生的 X 射线中,包含与靶中各种元素对应的具有特定波长的 X 射线,称为特征(或标识)X 射线。

XRD 通过对材料进行 X 射线衍射,分析其衍射图谱,获得材料的成分、材料内部原子或分子的结构或形态等信息的研究手段。用于确定晶体的原子和分子结构。其中晶体结构导致入射 X 射线束衍射到许多特定方向。通过测量这些衍射光束的角度和强度,晶体学家可以产生晶体内电子密度的三维图像。根据该电子密度,可以确定晶体中原子的平均位置,以及它们的化学键和各种其他信息。

12.1　基本原理

12.1.1　X 射线衍射原理

X 射线在晶体中产生的衍射现象,是由于晶体中各个原子中电子对 X 射线产生相干散射和相互干涉叠加或抵消而得到的结果。

当一束单色 X 射线入射到晶体时,由于晶体是由原子规则排列成的晶胞组成的,这些规则排列的原子间距离与入射 X 射线波长有相同数量级,故由不同原子散射的 X 射线相互干涉,在某些特殊方向上产生强 X 射线衍射,衍射线在空间分布的方位和强度,与晶体结构密切相关,这就是 X 射线衍射的基本原理。

如图 12-1 所示,衍射线空间方位与晶体结构的关系可用布拉格方程表示

$$2d \sin \theta = n\lambda$$

12.1.2　粉末衍射花样成像原理

粉末样品是由数目极多的微小晶粒组成(10^{-2} ~ 10^{-4} mm,每颗粉末又包含几颗晶粒),取向是完全无规则的。所谓"粉末",指样品由细小的多晶质物质组成。理想的情况下,在样品

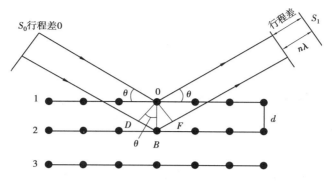

图 12-1　晶体对 X 射线衍射示意图

中有无数个小晶粒(一般晶粒大小为 1 μm,而 X 射线照射的体积约为 1 mm³,在这个体积内就有 10^9 个晶粒),且各个晶粒的方向是随机的,无规则的,即各种取向的晶粒都有。这种粉末多晶中的某一组平行晶面在空间的分布,与在空间绕着所有各种可能的方向转动的单晶体中同一组平行晶面在空间的分布是等效的。

在粉末法中由于试样中存在着数量极多的各种取向的晶粒。因此,总有一部分晶粒的取向恰好使其(hkl)晶面正好满足布拉格方程,因而产生衍射线。

如图 12-2 所示,衍射锥的顶角为 4θ。每一组具有一定晶面间距的晶面根据它们的 d 值分别产生各自的衍射锥,一种晶体就形成自己特有的一套衍射锥,可以记录下衍射锥角 θ 和强度。当用倒易点阵来描述这种分布时,因单晶体中某一平行晶面(hkl)对应于倒易点阵中的一个倒易点,与粉末多晶体中的一组平行晶面(hkl)对应的必是以倒易点阵原点中心,以 $|H_{hkl}| = d_{hkl}$ 为半径的一个倒易点绕各种可能的方向转动而形成的一个倒易球。

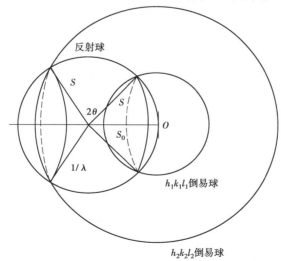

图 12-2　粉末衍射成像原理

12.2 X 射线衍射仪

最早由布拉格提出,设想在德拜相机的光学布置下,若有仪器能接受衍射线并记录,那么,让它绕试样旋转一周,同时记录下旋转角和 X 射线的强度,就可以得到等同于德拜图的效果。

X 射线衍射仪主要由射线测角仪、辐射探测仪、高压发生器及控制电路四部分组成,其中最关键的是测角仪。现代衍射仪与电子计算机的结合,使从操作、测量到数据处理大体上实现了自动化,配有数据处理系统。这使衍射仪在各主要领域中取代了照相法。

1)测角仪的构造(图 12-3)

①样品台:在中心,可旋转,可进行四维运动。

②X 射线源:位于测角圆上。

③光路布置:应布置在由 X 射线源、计数管和样品台组成的平面上。

测角仪的光学布置如图 12-4 所示。

注意:以样品台为圆心,X 射线源和计数管必须处于同一圆周上,该圆称为测角仪圆。

④测角仪台面:整个台面可以绕中心轴转运。

⑤测量动作:不同的衍射仪有不同的运动,但样品台转运与计数管转运保持 $\theta \sim 2\theta$ 关系不变。

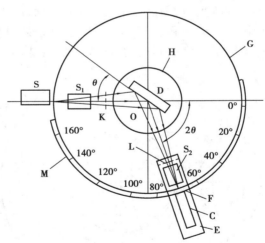

图 12-3 测角仪构造示意图

C—计数管;S_1、S_2—梭拉缝;D—样品;E—支架;K、L—狭缝光栏;F—接受光栏;

G—测角仪圆;H—样品台;O—测角仪中心轴;S—X 射线源;M—刻度盘

X 射线源 S 是由 X 射线管靶面上的线状焦斑产生的线状光源。线状光源首先通过梭拉缝 S_1,在高度方向上的发散受到限制。随后通过狭缝光栅 K,使入射 X 射线在宽度方向上的发散也受限制。经过 S_1 和 K 后,X 射线将以一定的高度和宽度照射在样品表面,样品中满足布拉格衍射条件的某组晶面将发生衍射。衍射线通过狭缝光栏 L、S_2 和接受光栏 F 后,以线性进入计数管 C,记录 X 射线的光子数,获得晶面衍射的相对强度,计数管与样品同时转动,且计数管的转动角速度为样品的两倍,这样可以保证入射线与衍射线始终保持 2θ 夹角,从而使计

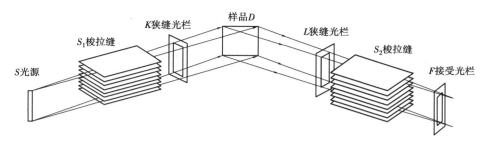

图 12- 4　测角仪的光路图

数管收集到的衍射线是那些与样品表面平行的晶面所产生的,θ 角从低到高,计数管从低到高逐一记录各衍射线的光子数,转化为电信号,记录下 X 射线的相对强度,从而形成 $I_{相对}$-2θ 的关系曲线,即 X 射线衍射花样。

2)X 射线发生器

X 射线管实际上就是一只在高压下工作的真空二极管,它有两个电极:一个是用于发射电子的灯丝,作为阴极;另一个是用于接受电子轰击的靶材,作为阳极,它们被密封在高真空的玻璃或陶瓷外壳内。X 射线管提供电部分至少包含有一个使灯丝加热的低压电源和一个给两极施加高电压的高压发生器。当钨丝通过足够的电流使其发生电子云,且有足够的电压(千伏等级)加在阳极和阴极间,使得电子云被拉往阳极。此时电子以高能高速的状态撞击钨靶,高速电子到达靶面,运动突然受

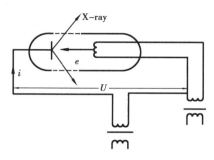

图 12-5　X 射线发生器

到阻止,其动能的一小部分便转化为辐射能,以 X 射线的形式放出,产生的 X 射线通过铍窗口射出。

改变灯丝电流的大小可以改变灯丝的温度和电子的发射量,从而改变管电流和 X 射线强度的大小。改变 X 光管激发电位或选用不同的靶材可以改变入射 X 射线的能量或在不同能量处的强度。

3)计数器

计数器由计数管及其附属电路组成,如图 12-6 所示。

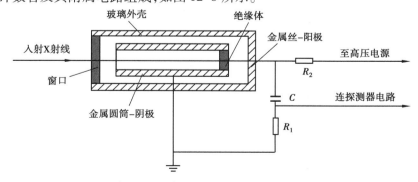

图 12-6　正比计数管的结构及其基本电路

其基本原理:X 衍射线→进入金属筒内→惰性气体电离→产生的电子在电场作用下向阳极加速运动→高速运动的电子使气体电离→连锁反应即雪崩现象→出现一个可测电流→电路

转换→计数器有一个电压脉冲输出。电压脉冲峰值与 X 光子的强度成正比,反映衍射线的相对强度。

12.3　实验技术

物相检索也就是"物相定性分析"。它的基本原理是基于以下三条原则:①任何一种物相都有其特征的衍射谱;②任何两种物相的衍射谱不可能完全相同;③多相样品的衍射峰是各物相的机械叠加。因此,通过实验测量或理论计算,建立一个"已知物相的卡片库",将所测样品的图谱与 PDF 卡片库中的"标准卡片"一一对照,就能检索出样品中的全部物相。

物相检索的步骤包括:①给出检索条件。包括检索子库(有机还是无机、矿物还是金属)、样品中可能存在的元素等;②计算机按照给定的检索条件进行检索,将最可能存在的前 100 种物相列出一个表;③从列表中检定出一定存在的物相。

一般来说,判断一个相是否存在有三个条件:①标准卡片中的峰位与测量峰的峰位是否匹配。换句话说,一般情况下标准卡片中出现的峰的位置,样品谱中必须有相应的峰与之对应,即使三条强线对应得非常好,但有另一条较强线位置明显没有出现衍射峰,也不能确定存在该相,但是,当样品存在明显的择优取向时除外,此时需要另外考虑择优取向问题;②标准卡片的峰强比与样品峰的峰强比要大致相同,但一般情况下,对于金属块状样品,由于择优取向存在,导致峰强比不一致,因此,峰强比仅可做参考;③检索出来的物相包含的元素在样品中必须存在,如果检索出一个 FeO 相,但样品中根本不可能存在 Fe 元素,则即使其他条件完全吻合,也不能确定样品中存在该相,此时可考虑样品中存在与 FeO 晶体结构大体相同的某相。当然,如果不能确定样品会不会受 Fe 污染,就得去做元素分析。

12.4　实验部分

实验　XRD 定性分析实验

一、实验目的
①了解 X 射线衍射的基本原理;
②了解 X 射线衍射仪的正确使用方法;
③掌握立方系晶体晶格常数的求法。

二、实验原理
当一束单色 X 射线照射到晶体上时,晶体中原子周围的电子受 X 射线周期变化的电场作用而振动,从而使每个电子都变为发射球面电磁波的次生波源。所发射球面波的频率与入射的 X 射线相一致。基于晶体结构的周期性,晶体中各个原子(原子上的电子)的散射波可相互干涉而叠加,称为相干散射或衍射。X 射线在晶体中的衍射现象,实质上是大量原子散射波相互干涉的结果。每种晶体所产生的衍射花样都反映出晶体内部的原子分布规律。

根据上述原理,某晶体的衍射花样的特征最主要的是两个:①衍射线在空间的分布规律;②衍射线束的强度。其中,衍射线的分布规律由晶胞大小、形状和位向决定,衍射线强度则取决于原子的品种和它们在晶胞的位置。因此,不同晶体具备不同的衍射图谱。

三、仪器与试剂

1)仪器

DX-6000 型 X 射线衍射仪(日本岛津公司)。

2)试剂与材料

氯化钠分析纯;玛瑙研钵。

3)样品

氯化钠。

四、实验步骤

1)样品的制备

①通常定量分析的样品细度应在 45 μm 左右,即应过 325 目筛。一般用玛瑙研钵将颗粒状固体研磨呈粉末状。

②将粉末状样品倒入干净的样品盘中心处,然后用干净的玻璃片压盖,使样品表面平整,装样待测。

2)开机

①打开循环水冷却系统。

②启动 XRD 衍射仪。

3)测试

设定仪器参数:实验采用 Cu 靶,工作电压为 40 kV,电流为 30 mA,采用 $\theta \sim 2\theta$ 联动,1 deg/min,扫描范围为 26°~116°,设定完参数后开始扫描。

4)关机

试验完之后,关闭 XRD 电源,过一段时间,再关闭循环水冷却系统。

五、注意事项

①在打开 X 射线高压开关前,一定要检查循环水是否正常工作。因为高压下电子轰击靶枪时,除了少部分能量以 X 射线的形式放出外,其余能量转化为热量,需要冷却水吸收。如冷却水循环没有正常工作,对设备造成严重损坏。

②打开 XRD 衍射仪护罩门时,必须先按"open door"开门,禁止强制拉开护罩门。

③关闭 XRD 衍射仪护罩门时,一定要轻轻推一下护罩门,听到"咯噔"的声音确保门关上,这样仪器才能开始正常测试。

④对于颗粒较大的样品,一定要充分研磨,这样有利于测量分析。同时,换样时一定要轻,不要将样品撒到样品台,而且不要将样品盘在接触样品台时发生碰撞将部分样品弹出,这样有可能会导致样品表面不平,对测量角度有影响。

⑤在测量一般角度范围(10°~70°)时,一般选择 1.0 mm 的狭缝;如果测量小角度范围

$(0.5°\sim10°)$,选择 0.1 mm 的狭缝。

六、数据处理

测试完毕后,可将样品测试数据存入磁盘供随时调出处理。原始数据需经过曲线平滑,Ka2 扣除,谱峰寻找等数据处理步骤,最后打印出待分析试样衍射曲线和 d 值、2θ、强度、衍射峰宽等数据供分析鉴定。

图 12-7 为 NaCl 材料的 XRD 测试结果。从图中可以看出,其杂峰较少,说明样品的纯度较高。对 NaCl 样品做进一步的物相分析,其结果如图 12-8 所示,经过物相检索后发现,标准卡片中的峰位与测量峰的峰位完全匹配,且峰强基本相同,则可以确定实验所测样品所含有的物相只有 NaCl,其对应的 PDF 卡片号为 70~2509。

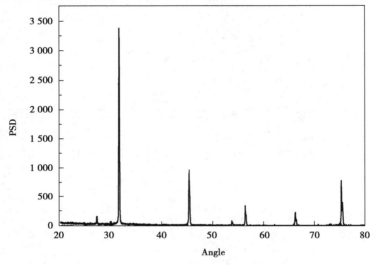

图 12-7 NaCl 材料的 XRD 测试结果

图 12-9 为 NaCl 材料的寻峰结果,并在图中标出了每个衍射峰的 d 值,其具体的寻峰报告如表 12-1 所示。从表中可以看出,参与衍射的晶面主要有(111)面、(200)面、(220)面。

表 12-1　寻峰报告

2-Theta	d(Å)	Height	Height%	PhaseID	d(Å)	I%	(hkl)	2-Theta	Delta
27.287	3.265 5	78	3.9	Halite,syn	3.265 6	9.4	(111)	27.287	0.000
31.252	2.859 7	25	1.2						
31.639	2.825 6	2 025	100.0	Halite,syn	2.827 2	100.0	(200)	31.620	−0.019
32.011	2.793 6	21	1.0						
45.370	1.997 3	672	33.2	Halite,syn	1.998 0	56.5	(220)	45.354	−0.016
53.769	1.703 4	45	2.2	Halite,syn	1.703 5	1.7	(311)	53.767	−0.002
56.384	1.630 5	211	10.4	Halite,syn	1.630 9	16.3	(222)	56.369	−0.015
66.172	1.411 0	171	8.4	Halite,syn	1.412 1	6.3	(400)	66.114	−0.058
75.184	1.262 7	563	27.8	Halite,syn	1.262 9	15.3	(420)	75.169	−0.015

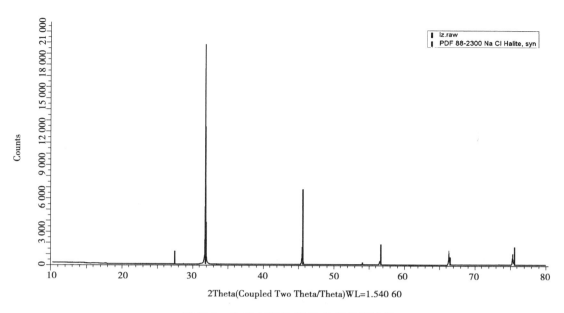

图 12-8　NaCl 材料的 XRD 物相分析结果

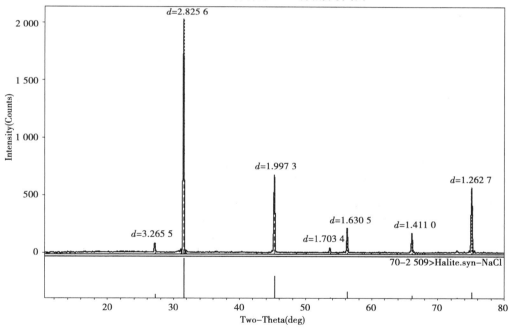

图 12-9　NaCl 材料的寻峰结果

七、思考题

①说明物相鉴定的依据？

②多相样品的物相定性分析存在哪些困难？

169

参考文献

［1］邓勃.分析测试数据的统计处理方法［M］.3 版.北京:清华大学出版社,1995.

［2］古凤才,肖衍繁.基础化学实验教程［M］.北京:科学出版社,2000.

［3］陈培榕,李景虹,邓勃.现代仪器分析实验与技术［M］.2 版.北京:清华大学出版社,2006.

［4］辛仁轩.等离子体发射光谱分析［M］.3 版.北京:化学工业出版社,2018.

［5］赵文宽,张悟铭,王长发,等.仪器分析实验［M］.北京:高等教育出版社,1997.

［6］陈国松,陈昌云.仪器分析实验［M］.2 版.南京:南京大学出版社,2015.

［7］张济新,孙海霖,朱明华.仪器分析实验［M］.北京:高等教育出版社,1994.

［8］宋桂兰.仪器分析实验［M］.2 版.北京:科学出版社,2015.

［9］李启隆.电分析化学［M］.北京:北京师范大学出版社,1995.

［10］黄丽英.仪器分析实验指导［M］.厦门:厦门大学出版社,2014.

［11］陈培榕,邓勃.现代仪器分析实验与技术［M］.北京:清华大学出版社,1999.

［12］林炳承.毛细管电泳导论［M］.北京:科学出版社,1996.

［13］孙凤霞.仪器分析［M］.2 版.北京:化学工业出版社,2013.

［14］王英华.X 光衍射技术基础［M］.2 版.北京:原子能出版社,1993.

［15］梁栋材.X 射线晶体学基础［M］.2 版.北京:科学出版社,2018.